国家自然科学基金（52164046）

内蒙古自治区自然科学基金（2019LH05013、2019MS05046）

无缝钢管TMCP 的
理论与实践

王晓东　包喜荣　著

扫一扫查看全书

数字资源

北　京

冶 金 工 业 出 版 社

2022

内 容 提 要

本书结合作者从事无缝钢管组织性能控制方面的教学和科学研究成果，系统介绍了无缝钢管 TMCP 的理论与实践，对无缝钢管 TMCP 的研究背景与研究现状、无缝钢管 TMCP 的合金化、无缝钢管 TMCP 典型钢种的高温再结晶行为、无缝钢管 TMCP 控制冷却的传热与相变机理、无缝钢管 TMCP 的实验模拟和数值模拟、无缝钢管 TMCP 的在线微观组织控制与强韧化机理进行了全面的分析与探讨，提出了基于 TMCP 的无缝钢管轧制和冷却过程微观组织控制与强韧化控制策略。

本书可供冶金企业轧钢生产的技术人员和科研设计院所从事材料加工的相关人员阅读，也可供高等院校材料加工专业的师生参考。

图书在版编目(CIP)数据

无缝钢管 TMCP 的理论与实践／王晓东，包喜荣著. —北京：冶金工业出版社，2022.1
ISBN 978-7-5024-9078-2

Ⅰ.①无… Ⅱ.①王… ②包… Ⅲ.①无缝钢管—轧制 Ⅳ.①TG142

中国版本图书馆 CIP 数据核字(2022)第 039922 号

无缝钢管 TMCP 的理论与实践

出版发行	冶金工业出版社	**电 话**	(010)64027926
地 址	北京市东城区嵩祝院北巷 39 号	**邮 编**	100009
网 址	www.mip1953.com	**电子信箱**	service@ mip1953.com

责任编辑 王 颖 美术编辑 吕欣童 版式设计 郑小利
责任校对 李 娜 责任印制 李玉山
北京虎彩文化传播有限公司印刷
2022 年 1 月第 1 版，2022 年 1 月第 1 次印刷
710mm×1000mm 1/16；9.5 印张；185 千字；144 页
定价 99.90 元

投稿电话 (010)64027932 投稿信箱 tougao@cnmip.com.cn
营销中心电话 (010)64044283
冶金工业出版社天猫旗舰店 yjgycbs.tmall.com
(本书如有印装质量问题，本社营销中心负责退换)

前　　言

TMCP（Thermo-Mechanical Control Process）是一种将控制轧制与控制冷却相结合进行组织控制与优化的先进加工工艺，可以明显提升钢铁材料的性能。将TMCP应用于无缝钢管生产不仅能够获得高强韧的管材性能，同时也有助于实现资源节约型绿色生产。然而，因钢管的断面形状特殊、规格变化范围大，且生产中工艺调整窗口窄、轧制变形复杂和冷却不易控制，TMCP在无缝钢管生产中的实际应用还存在较多的制约因素。需要根据TMCP的特点和特定钢种产品的高温变形和冷却相变规律，对无缝钢管轧制变形和在线冷却过程中的微观组织变化进行必要的研究。在此基础上，利用和发掘在线调控的工艺资源，实现控制轧制与在线热处理。

TMCP不要求材料有高的合金元素含量，主要依靠在线热机械控制来提高强韧性，故无缝钢管TMCP钢一般选用低碳低合金钢，通过对材料的控制轧制与在线热处理，利用固溶、细晶、形变、相变、析出等多重强化作用的协同效果，实现微合金元素的高效利用，全面提升钢管的综合性能。无缝钢管TMCP也可针对高合金钢，通过微合金化和TMCP的共同作用可以综合提升高合金钢管的组织和性能，而且TMCP还可以降低高合金钢轧制过程中的变形抗力，实现难变形金属的控制轧制。

鉴于此，本书选用低合金钢30MnCr22和高合金钢P91作为研究材料，对两钢种在穿孔、连轧和定（减）径过程中的高温再结晶行为进行了研究，提出了相应的控制轧制策略；对无缝钢管控制冷却过程中的传热机理、动态相变规律以及快速冷却相变强化机制进行了研究，以期通过控制冷却实现无缝钢管 TMCP 的最终组织细化和强化；对无缝钢管 TMCP 进行了实验模拟和数值模拟研究，探讨了无缝钢管 TMCP 的微观组织演变规律及强韧化机制，提出了微观组织控制的策略；通过两钢种典型规格无缝钢管的在线实验，对无缝钢管 TMCP 的微观组织在线控制和强韧化机理进行了详细阐述。

本书的研究工作及其成果对于优化无缝钢管 TMCP 工艺参数、探明基于 TMCP 无缝钢管轧制和冷却过程的微观组织控制及强韧化机理具有重要的价值，同时也希望本书能够对推进我国无缝钢管 TMCP 的实施发挥作用。

本书共 7 章，第 1 章、第 2 章、第 3 章、第 5 章、第 6 章和第 7 章由内蒙古科技大学王晓东编写，第 4 章由内蒙古科技大学包喜荣编写，全书由王晓东统稿。

本书内容涉及的有关研究及出版得到了国家自然科学基金（52164046）和内蒙古自治区自然科学基金（2019LH05013、2019MS05046）的资助，以及内蒙古科技大学领导的支持，在此一并表示衷心的感谢！

由于作者水平所限，书中难免存在疏漏及不当之处，欢迎广大同仁和读者批评指正。

作 者

2022 年 1 月

目　　录

1 绪 论

1.1 研究背景

1.1.1 热轧无缝钢管生产概况

钢管是一种重要的经济断面钢材，被广泛应用于石油、地质、军工、航天、核能、船舶、汽车以及大型场馆等领域，已经成为国民经济建设和现代国防的重要原材料之一[1]。现代化工业的迅速发展对钢管的品种和质量要求越来越高，因此，世界各国都十分重视钢管生产。

21 世纪以来，全球钢管产量经历了一个快速增长然后增速放缓，直至达到峰值后开始下滑的过程。以无缝钢管为例，全球无缝钢管产量从 2000 年到 2008 年经过了近 10 年的持续快速增长，2008 年达到了 4037 万吨，在 2014 年达到产量高峰 4695 万吨后开始下滑，2019 年全球无缝钢管产量仅为 4260 万吨。从 20 世纪 90 年代开始，德国、法国、意大利、日本、俄罗斯等主要无缝钢管生产国都进行了大规模的企业重组和并购，形成了当前世界无缝钢管行业大集团垄断的格局。迄今为止，已形成多家产能超过或接近 300 万吨的钢管集团，主要包括阿根廷泰纳瑞斯集团（Tenaris）、法国瓦卢瑞克集团（Vallourec）、俄罗斯钢管冶金集团（TMK）、日本新日铁住金公司（NSSMC）、俄罗斯车里雅宾斯克钢管集团（CHTPZ Group）、安赛乐米塔尔集团（ArcelorMittal）、乌克兰 Interpipe 集团、美钢联公司（USS）、日本 JFE 集团、俄罗斯新里别茨克钢铁公司等。这些大集团生产集中度高，大多数集团生产基地全球布局，在国际贸易中统一价格和品种分工，有成熟的经验和较大优势，控制着国外钢管市场 70%以上的份额[2]。

21 世纪我国钢管行业高速发展，钢管产量增长与全国成品钢材增长几乎同步，产量居世界第一位，成为名副其实的钢管大国。据国家统计局数据显示，2020 年中国钢管产量达到 8954.27 万吨，无缝钢管产量达到 2787.68 万吨。近年来，我国无缝钢管生产企业加大了技术改造的力度，引进了多套先进的轧管生产机组。随着产量的增加和质量的提高，我国生产的无缝钢管已成为在国际无缝钢管市场上具有一定竞争力的钢铁品种之一。自 2003 年开始，我国无缝钢管已由净进口国变为净出口国，2020 年实现出口量达 339.30 万吨，净出口量达到了 323.78 万吨。我国钢管工业由于近十多年的飞速发展，在产量、品种、质量、设备装备、生产技术及设备制造等方面都已达到了世界先进水平，我国已步入世界钢管强国行列[3,4]。

钢管分为无缝钢管和焊接钢管，无缝钢管按生产方法又分为热加工（热轧、热挤压）无缝钢管和冷加工（冷轧、冷拔和冷旋压）无缝钢管。无缝钢管主要由热轧方法生产，热轧管目前约占无缝钢管产量的80%，其中热连轧管机组的生产能力约占无缝钢管总能力的45%~50%[5]。

热轧无缝钢管是以实心的管坯（一般为连铸圆坯）为原料，经多次轧制变成具有一定的形状、尺寸和性能的钢管。现代热轧无缝钢管的生产工艺流程包括坯料轧前准备、管坯加热、穿孔、轧管、定（减）径、钢管冷却、钢管切头尾、分段、矫直、探伤、人工检查、喷标打印、打捆包装等基本工序，具体可归纳为六个主要工序[1]。

（1）管坯准备，包括管坯定长切割、探伤、定心等。

（2）管坯加热，一般采用环形加热炉加热。

（3）管坯穿孔，其主要任务是将实心管坯轧成空心的厚壁毛管，相当于开坯工序，通常采用两辊或三辊斜轧穿孔机，现在主要采用二辊锥形辊穿孔机（又称菌式穿孔机）。

（4）毛管轧制，其主要任务是将空心毛管减壁延伸，轧制成接近或等于成品管外径及壁厚尺寸的荒管，现在主要采用热连轧管机。

（5）荒管定（减）径，通常是对荒管进行再加热，然后在定径机或减径机上进行加工，使钢管外径尺寸精确化，达到成品管尺寸，并且进一步提高钢管外表面质量。

（6）精整，包括锯断、冷却、热处理、矫直等工序，其目的是最终保证管材尺寸精度、表面状态及力学、物理性能等要求。

现代连轧无缝钢管机组的生产工艺流程如图1-1所示，其中最基本的三个变形工序是穿孔、轧管和定（减）径[1]。

1.1.2 连轧无缝钢管机组的发展及 PQF 连轧管机组

连轧无缝钢管机组是热轧管机组中最有代表性的典型现代化装备。连轧无缝管机组由于具有高产、优质、低耗以及便于实现机械化、自动化和计算机控制等特点，在世界各主要产钢国家得到了广泛的应用。连轧无缝钢管技术的迅速发展早已引起了我国钢管行业的高度重视，早在20世纪70年代初我国就立项开发连轧无缝钢管机组。宝钢、天津钢管连轧机组的引进，标志着我国连轧无缝钢管技术水平到了一个新的台阶。大量的实践表明：连轧管技术的迅速采用为高速度发展无缝钢管生产打开了一个新局面，是一个国家钢铁工业和科学技术现代化的重要标志。

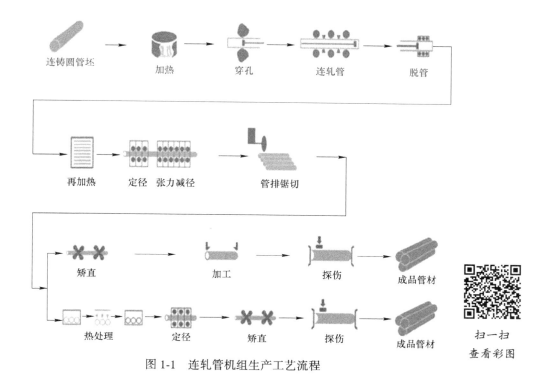

连铸圆管坯　　加热　　穿孔　　连轧管　　脱管

再加热　定径　张力减径　　管排锯切

矫直　　加工　　探伤　　成品管材

热处理　　定径　　矫直　　探伤　　成品管材

扫一扫
查看彩图

图 1-1　连轧管机组生产工艺流程

连轧无缝钢管技术的发展已有一百多年的悠久历史，它以长芯棒连续纵轧为技术特征。但其轧管技术真正开始迅速发展还是始于 20 世纪 50 年代，随着电器传动技术、张力减径技术的出现和液压技术、计算机控制技术的应用，才逐渐发展完善并发挥日益重要的作用。连轧管机组的技术发展历程大致可分为二辊全浮动芯棒（1964—1983 年）、二辊半浮动芯棒（1977—1995 年）、二辊限动芯棒 MPM（Multi-stand Pipe Mill，1978—2009 年）和三辊限动芯棒 PQF（Premium Quality Finishing，2003 年至今）连轧管四个阶段[6]。

1964 年意大利 Dalmine 公司开始实验限动芯棒连轧管（MPM）工艺[7]。意大利 INNSE 公司设计制造的第一套限动芯棒连轧无缝钢管机组于 1978 年在 Bergamo 投产。这种连续轧管工艺的基本特征是芯棒速度受控，因此金属流动比较均匀，所生产管材的壁厚偏差较小，内外表面质量较好，且可用较短的芯棒，以较大的延伸系数轧制长度达 30~40m 的管子。20 世纪 90 年代意大利 Italimpianti 公司向天津无缝钢管公司提供成套的 MPM 机组[8]。

为了进一步提高钢管质量即尺寸精度和表面质量，1986 年，意大利 INNSE 公司提出了三辊连轧管机的设想[9]。INNSE 公司和 J. P. Calmes 一起在 1991 年对

MPM 工艺进行了深入研究，通过有限元模拟开发了三辊可调式连轧管机——PQF 轧管机，其孔型如图 1-2 所示[10]。它以三辊孔型设计工艺为核心，结合了典型二辊 MPM 限动芯棒技术，由于变形是在三辊孔型中进行的，金属流动更加均匀，克服了二辊连轧管机固有的局限性，使产品质量得到很大提高，降低了生产成本，能生产径壁比大、钢级高的钢管[11]。20 世纪 90 年代初在实验室里用改造的定径机进行了轧制实验，成功地试轧成 ϕ48mm×1mm 的热轧管。在从二辊轧制工艺转换到三辊轧制工艺的过程中，已进行了多次实

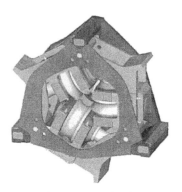

图 1-2 PQF 孔型图

验轧制并且采用有限元分析法对三辊轧制工艺进行了研究[12]，当然也将二辊轧制工艺中的优点保留在新工艺中。世界上第一套 PQF 连轧管机组于 2003 年 8 月在天津钢管公司投产。

与二辊 MPM 限动芯棒连轧工艺相比，三辊 PQF 连轧工艺主要具有以下优点[9]：孔型中圆周速度的差动较小；轧制工具和毛管之间具有较大接触面；芯棒稳定性较高；轧制温度分配均匀；轧辊磨损小；具有较高的流体静压力；减少了钢管"飞边"缺陷的形成；机架之间的影响较小；轧辊侧面产生的拉力较小；轧辊具有良好的几何形状，偏差较小；变形差别小；沿钢管圆周方向的壁厚分配均匀；管端切头损耗减少。

三辊 PQF 轧管机使热轧无缝钢管在轧制工艺上取得了重大技术突破，是现阶段降低成本、提高产量、提升总体经济效益的首选轧管机组，代表了当今轧管机组工艺设计和制造的最新发展水平，其轧制的钢管壁厚精度及生产效率优于其他类型的连轧管机组。截至目前，我国规划设计、施工、在建和运行的 PQF 连轧管机组总共有十多套，并且企业新上的无缝钢管连轧机组全部采用 PQF 机组。

1.1.3 无缝钢管 TMCP

无缝钢管传统热处理工艺采用离线热处理工艺，包括退火、正火和淬火+回火等，其中应用最广的是淬火+回火。

无缝钢管淬火方式主要分为两种，一种为放入水槽中的浸入式冷却，称为槽内淬火；另一种是脱离水槽直接对其喷淋式冷却，又称槽外淬火，图 1-3 为无缝钢管主要淬火方式[13]。目前槽外淬火应用最为广泛，它又分为对外表面喷水、对内表面喷水及将外喷内淋结合的三种方式[14, 15]。钢管外表面喷水根据喷水方式的不同可分为喷水、水气混合、层流等方式。钢管内表面淬火基本

上采用在钢管一端进行轴向喷水的方式。内外表面同时淬火，冷却效率更强，均匀性也高。

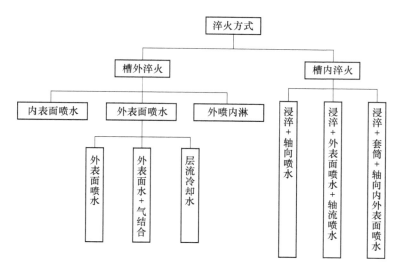

图 1-3　无缝钢管主要淬火方式[13]

进入新世纪，受国际原油价格暴涨和经济全球化加速发展的影响，无缝钢管需求量迅速增加，性能要求也越来越高。世界各国及其石油企业对油气资源的争夺日益激烈，深部地层、海洋深水和极地高寒等地区逐步成为世界油气勘探热点区，但特殊的自然环境对开采用油井管的性能特别是强韧性提出了极为严苛的要求。目前，增强油井管强韧性能的主要手段仍是传统的添加较多合金元素及专门的轧后离线热处理。传统的离线热处理需要重新加热，不仅浪费金属轧后冷却余热，而且消耗再加热能源，同时需要添加较多的合金元素来提高钢管的淬透性，因此增加了合金及能源动力成本，不符合当今钢材资源节约型生产的趋势，不利于高耗能钢铁企业发展绿色循环经济；此外，由于再加热浪费了钢管轧制变形的形变强化效果，也不利于钢管综合力学性能的进一步提高。传统离线热处理对钢管性能开发已至其极限，最多可将强度提至 1000MPa，而且韧性略显不足，也成为开发高钢级、高性能钢管的技术瓶颈与难题。在这种形势下，采用热机械控制工艺 TMCP（Thermo-Mechanical Control Process），能够在不添加过多合金元素的条件下，通过在线热处理来获得优异的高强韧性能，实现资源节约型高性能钢管生产，代表了无缝钢管制造工艺今后的发展方向[16~33]。

TMCP 技术又称控制轧制和控制冷却技术，是现代钢铁工业发展取得的最伟大、最重要的技术成就之一。控制轧制工艺是指以材料添加一定合金元素为前提，改变热轧条件如加热温度、轧制温度、轧制道次、压下量、各道次间隙时间、轧制速度、终轧温度等多种因素，把形变再结晶和相变结合起来，以期望获得细小组织，大大提升钢材强度和塑韧性。控制轧制通常分为奥氏体再结晶区控制轧制（Ⅰ型控制轧制）、奥氏体未再结晶区控制轧制（Ⅱ型控制轧制）和（γ+α）两相区控制轧制（Ⅲ型控制轧制）[32, 33]。控制轧制工艺的核心是控制奥氏体状态，形变在奥氏体组织中积累，获得加工硬化状态的奥氏体，为随后冷却过程形变诱导相变得到细化晶粒提供基础。控制冷却工艺是指对处于硬化状态的形变奥氏体冷却相变过程进行控制，以进一步细化铁素体晶粒，或通过相变强化得到细化的贝氏体、马氏体等强化相，并析出细小弥散的第二相，进一步改善材料的性能[17~19, 32, 33]。图 1-4 给出了控制轧制与控制冷却不同阶段的组织，实际生产中在不同的轧制阶段可以采用不同的控制轧制策略。粗轧一般采用奥氏体再结晶区控制轧制来细化铸坯原始晶粒，改善高温塑性，精轧可以采用奥氏体未再结晶区控制轧制或两相区控制轧制得到充满位错和形变带的形变组织，而且控制轧制的组织可以遗传到相变之后，通过终轧后控制冷却或加速冷却就能得到细化、强化的最终组织[32, 33]。

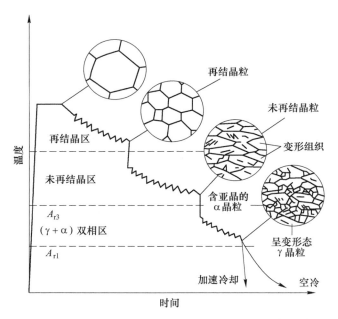

图 1-4　控制轧制与控制冷却中不同阶段的组织[32, 33]

目前以超快冷为代表的新一代 TMCP 技术已在热轧带钢、中厚板、棒线材及H 型钢生产中成熟应用。但由于钢管断面中空以及轧制、冷却条件复杂，TMCP

技术在无缝钢管生产中的开发及应用尚处于起步阶段[34~38]。

但正是由于钢管轧制变形的这种特殊性和复杂性，造就了其形变奥氏体相比于板带材和型线材具有更加优越的遗传基因。以 PQF 工艺为例，管坯在斜轧穿孔中，同时存在剧烈的扭转、剪切、压缩、拉伸等多种复杂大变形，极易诱导发生完全的动态再结晶，结合连轧过程的静态再结晶，可大大细化管坯的原始晶粒。定（减）径过程中的连续多道次变形累积，增加位错、形变带和畸变能，为形变诱导相变提供了充足的驱动力。充满缺陷的、细小、强硬的形变奥氏体组织，如果能在线施以超快冷却或控制冷却，就能将其冻结到动态相变点，抑制形变诱导析出，以缺陷为形核核心，形变诱导相变，得到大量细化的晶粒；接近相变点温度停止冷却后，由于储存的巨大析出驱动力而使第二相大量、微细、弥散地析出。通过 TMCP 优秀微观组织的遗传和细晶、形变、相变及析出等多重协同强化作用，大大提高钢管的强韧性[16~19]。

1.1.4 基于 PQF 工艺无缝钢管生产过程特点及其 TMCP 的实现

由于 PQF 工艺无缝钢管生产过程特殊而且复杂，所以基于 PQF 工艺的无缝钢管 TMCP 就是要结合其生产过程的特点，充分利用其复杂形变、相变对微观组织演变的有益影响，发挥细晶、形变、相变和析出等多重协同强化作用来提高成品钢管的强韧性。下面结合无缝钢管 PQF 工艺的生产过程特点分析其 TMCP 的实现构想。

1.1.4.1 基于 PQF 工艺无缝钢管生产过程特点

A 断面形状与规格尺寸特点

无缝钢管断面中空，与其他长材相比具有较大的轮廓断面尺寸和较大的规格尺寸变化范围，从而使其控制轧制与在线热处理工艺的实施面临较多的困难和变数[19]。

B 坯料与加热特点

PQF 轧管机组一般选择连铸管坯作为坯料。连铸管坯具有铸造组织的先天缺陷，主要为晶粒粗大以及中心疏松与中心偏析。这些缺陷一方面对于管坯穿孔有利，但另一方面也会对钢管质量产生不利影响，需要制定轧制工艺时采用大压下量来细化晶粒、致密组织。对于高合金钢，为了提高钢管质量，也可以采用锻造或轧制管坯。

无缝钢管的生产具有相对较高的开轧、终轧温度，所以需要较高的管坯加热温度，对于低碳低合金钢需要将近 1300℃[18]。高的加热温度能够实现"趁热打铁"式高温大变形，保证管坯在穿孔和连轧时具有极佳的加工性能，同时消除铸态组织缺陷，实现再结晶和细化晶粒。

　　C　穿孔特点

　　PQF 轧管机组的穿孔方法一般为二辊锥形辊斜轧穿孔。管坯在斜轧穿孔中，变形温度高，变形量大，而且同时存在剧烈的扭转、剪切、压缩、拉伸等多种复合变形，这种高温复杂大变形极易诱导发生完全的动态再结晶，对其进行控制并结合穿孔后的静态再结晶控制，可大大细化管坯的原始晶粒。

　　穿孔过程中由于毛管与成品管规格上的对应关系，穿孔孔型的参数只能在工艺规程给定的区间内作有限调节，从而限制了壁厚方向变形量的变化范围，所以穿孔压下量只能在一定范围内调整。

　　高温管坯出加热炉后即处于较快的散热降温过程之中，由于从穿孔直至其后连轧变形结束的整个阶段，对轧件通常不再加热，而穿孔、连轧道次间还须经过脱顶杆、保护喷涂、穿芯棒等工序。因此，只有在较高出炉温度下的高效率作业才能有效减少热损失，保障毛管在连轧变形工序中仍具有足够宽的塑性工艺温度区间[19]。

　　D　连轧特点

　　与二辊 MPM 连轧管机相比，三辊 PQF 连轧工艺孔型圆度好，半径差小，芯棒稳定，变形更加均匀，轧辊磨损也均匀，轧制精度更高，生产成本更低，生产效率更高。所以可以实现更大压下量，进一步细化钢管的原始组织，可以生产高强度、高钢级的油井管、高压锅炉管、不锈钢管和高合金钢管等。

　　此外，PQF 连轧过程中轧件受到芯棒和轧辊的共同作用，由于芯棒和轧辊的纵向速度差，金属除了在壁厚方向受到压缩外，还受到了芯棒和轧辊的搓轧，同时由于孔型的非平面性、压下量的不均匀性、轧辊线速度为变值和轧辊间张力的作用等因素，金属变形特殊，流动规律十分复杂。

　　为保证毛管经过连轧机组有限道次的变形而能够轧成具有特定规格与精度的钢管，连轧各架孔型（芯棒与轧辊）的规格及参数均需按一定的分配规则事先予以框定，从而使壁厚方向的变形量可调区间被大体锁定，其减壁变形率调整范围相对有限[19]。

　　E　定（减）径特点

　　PQF 轧管机组的定（减）径道次较多，由于连续多道次变形累积，形变的奥氏体晶粒在相变前储存了巨大的畸变能，为形变诱导相变提供了优越条件，同时张力的存在也会对金属的变形状态产生影响。

定（减）径的孔型相对比较固定，减壁变形率相对有限，可调整范围较小[19]。但是定（减）径终轧温度可以在一定范围内调整，通过降低终轧温度可以实现低温未再结晶区控制轧制。

F 冷却与热处理特点

PQF 轧管机组的冷却一般在冷床上进行，冷床一般配有鼓风机，可以实现钢管的控制冷却。

PQF 轧管机组的热处理一般采用离线工艺，具有专门的热处理生产线，可以实现钢管的退火、正火和淬火+回火等离线热处理工艺。但是离线热处理不仅增加了合金及能源动力成本，不利于高耗能钢铁企业发展循环经济，而且离线热处理因为需要进行再加热，会抵消轧制过程中的形变强化效果。

1.1.4.2 基于 PQF 工艺无缝钢管 TMCP 的实现构想

由于无缝钢管断面形状特殊、规格变化范围大、工艺调整窗口窄、轧制变形过程复杂和冷却不易控制等因素，TMCP 在无缝钢管生产中的实施与应用受到很大约束。基于 PQF 工艺无缝钢管 TMCP 的实施原则就是要在这样的约束条件下，在对特定产品的使用性能、物理冶金性能、钢种成分、工艺参数和测控手段等各方面进行量身定制的基础上，尽可能地利用和发掘在线调控的工艺资源，通过灵活调节控制轧制形变和冷却相变工艺参数，经济、高效地赋予管材预期的性能，特别是提高管材的强韧性，代替离线热处理，简化工序，降低能耗和成本[17, 19]。基于 PQF 工艺无缝钢管 TMCP 的具体控制策略如下。

A 加热和轧制过程控制

基于 PQF 工艺实现无缝钢管 TMCP，其加热温度选择在保证不过热的前提下尽量高一些，为穿孔和连轧实现高温大压下提供保障。

穿孔、连轧和定（减）径的轧制孔型比较固定，轧制变形工艺参数变化范围较小，所以钢管 TMCP 参数必须在限定的范围内调整，以适应控制轧制的需要。穿孔变形要最大限度实现"趁热打铁"，通过高温复杂大变形，诱发完全的动态再结晶，细化管坯晶粒，消除铸态组织的缺陷，改善管坯的加工性能，为毛管连轧做好准备。连轧要尽量提高轧制温度，增加道次压下量，通过静态再结晶细化晶粒，结合连轧后的控制冷却，把细化、硬化的形变组织保持到定（减）径之前。定（减）径属于精轧，变形道次多，每道次变形量较小，一般很难实现再结晶型控制轧制，所以可以提高轧制速度，缩短道次间隙时间，实现道次间变形累积，增加形变缺陷，实现未再结晶型控制轧制，将形变奥氏体的细化、硬化状态保持到冷却相变之前。

B　在线冷却过程控制

加热和轧制过程控制为在线形变热处理提供了良好的组织条件，而冷却的控制是实现 TMCP 的关键。现有 PQF 生产工艺无法实现在线形变热处理工艺，需要在冷床之前的辊道进行改造，增加在线控制冷却、加速冷却、超快冷却和在线淬火装置，既能实现钢管的在线控制冷却、加速冷却和超快冷却，又能实现钢管的在线余热淬火热处理工艺。由于无缝钢管定（减）径后温降较大而且温度不均匀，为了保证足够高的冷却开始温度和冷却相变组织均匀，在冷却之前要进行在线感应加热进行补热和均热。在线冷却装置最好采用气水喷嘴，通过调控气水的压力和流量，实现冷却过程的精准控制。

1.2　研究进展

1.2.1　轧制成形过程有限元数值模拟研究进展

金属的轧制变形是一个具有几何、物理、边界条件等多重非线性的问题。对于热轧而言，由于温度与变形的相互影响，一般无法求得满足真实边界条件的解析解，实验研究和数值模拟研究便成了求解该类问题的两个主要途径。

近年来，许多学者采用大变形弹塑性有限元法模拟对金属轧制过程进行了研究[39~49]，对金属的流动规律、应力应变分布、轧制力等进行了广泛的分析，取得了一批成果。弹塑性有限元法可以求出塑性区的扩展、出辊后工件的弹性恢复、工件内部的应力应变分布等问题，特别是还可以计算轧后的残余应力，这些优点是其他方法所不及的。但是，由于用弹塑性有限元法求解时要把每一增量步中算出的应力增量、应变增量和位移增量叠加到前一迭代步中，故存在累积误差。为减少误差而采取的细化单元网格和增加迭代步骤等措施，有时又会导致计算机容量、速度和计算时间等方面的问题，所以弹塑性有限元法不如刚塑性有限元法在求体积变形问题时用得广泛。

弹塑性大变形有限元法由于大变形几何非线性处理上的困难，使得大变形弹塑性大变形有限元法未能得到更为广泛的应用。为了克服上述不足，许多学者对刚塑性有限元进行了研究，现在，刚塑性有限元理论和方法已初步形成[50]。由于刚塑性有限元法通过速度积分避开了几何非线性，不像弹塑性有限元那样用应力、应变增量求解，因此计算时每步的增量步长可以取得较大一些，可以用小变形的计算方法来处理塑性大变形问题。与大变形弹塑性有限元法相比，其计算模型和求解过程简单, 计算效率高, 并且其精度和可靠性都可以满足工程要求, 因而迅速发展为体积成形工艺模拟的主要方法。

利用刚塑性有限元法可在计算机上模拟分析轧制成形过程, 可以求出应力场、应变场、变形所需的载荷和能量, 可以给出成形过程中坯料几何形状、尺寸和性能的改变, 预测产品的组织性能, 预测缺陷的产生和分析成形质量, 分析工具的磨损, 设计和改进孔型等。刚塑性有限元法目前已成为研究轧制塑性成形规律、材料变形行为及各种物理场的强有力的工具之一, 并得到了广泛的应用。

1.2.2 无缝钢管轧制变形过程研究

一个世纪以来, 许多学者已经对无缝钢管轧制过程的三个主要变形阶段: 穿孔、连轧和定 (减) 径进行了大量的研究, 并取得了一定的成果。

管坯穿孔是热轧无缝钢管生产工艺流程中的第一道变形工序, 也是最重要的变形工序。从 1885 年曼内斯曼兄弟发明斜轧穿孔工艺算起, 斜轧穿孔工艺已经经过了一百多年的发展[51]。一百多年来, 相关人员对其进行了大量的研究, 先后经历了理论研究、实验模拟到有限元模拟几个阶段[52, 53]。随着计算机和有限元技术应用的日益成熟, 现在有限元分析法已经被广泛用于斜轧穿孔过程的研究之中, 和理论研究、实验模拟相比, 其精度较高[54]。穿孔三维孔型轧制自身所特有的复杂性, 用传统的以表象为主的研究不可能彻底描述金属的流动规律、流动场的分布, 因此, 开展三维有限元分析, 在理论上克服了各种工程算法的多方面假设问题, 在理论上较为准确地解决了问题。国内许多学者也通过有限元方法对穿孔过程进行了研究, 分析了穿孔过程金属流动的复杂现象, 优化了穿孔工艺[55~57]。

PQF 轧管机问世以来, 一些学者也进行了一定的研究。德国的 Peter Thieven 使用刚塑性有限元计算方法, 对在 PQF 和 MPM 连轧管机上的轧制过程进行了比较[11]。对高延伸率的轧件进行了测试, 发现传统的 MPM 连轧管机产生裂纹和缩径轧制缺陷的原因是辊缝处存在较大的纵向拉应力, 而 PQF 连轧管机由于变形均匀, 一般不会出现裂纹和缩径缺陷。国内一些学者针对 PQF 连轧过程进行了三维弹塑性大变形有限元分析, 建立了相应的各种分析模型, 模拟了变形过程与宽展、壁厚变化规律[58~61], 提出了改善轧辊和芯棒磨损的方法。但是, 用于工业生产的 PQF 连轧管机问世至今仅有十多年的时间, 其技术正处在不断发展和完善之中, 还需要进一步探索和解决一系列问题。由于技术、工艺和装备的创新性、先进性和复杂性, 目前关于 PQF 轧管工艺的研究还不够充分。

与穿孔和连轧 (温度较高、变形较大, 属于钢管的粗轧阶段) 相比, 定径和减径温度较低、变形较小, 属于钢管的精轧阶段。由于定径工艺比较简单, 所以研究工作主要集中在减径工艺上, 尤其是张力减径工艺。许志强、于辉、周伟鹏等开发了钢管减径过程三维刚塑性有限元程序，分析了钢管减径过程的热、变形和微观组织变化规律[62~64]。

以上对钢管轧制变形过程的研究，主要针对的是某一轧制工序，如穿孔、连轧或定（减）径，没有对钢管整个轧制过程的全面研究，也没有基于目前最先进的 PQF 工艺来研究钢管的整个轧制变形过程，而且绝大多数研究也没有考虑形变、相变的交互作用及其对微观组织演变的影响。所以基于 PQF 工艺对无缝钢管整个生产过程的轧制变形、冷却相变和微观组织演变规律进行全面、深入的研究显得非常必要和重要。

1.2.3 无缝钢管 TMCP 研究

金属轧制变形过程中，工件在发生变形的同时，温度也在发生着变化，而一般金属材料的性能随着温度的变化发生明显的改变。同时高温下的塑性变形还影响到金属材料的再结晶和相变等过程，产生微观组织结构的变化。因此，研究金属材料轧制问题必须在进行变形分析的同时研究其温度场的变化，并且考虑二者之间的相互作用及其对金属材料微观组织的影响。

热轧过程中，金属材料除了变形和温度的变化之外，还发生微观组织变化。微观组织变化不仅在很大程度上决定了产品的最终性能，而且也对变形过程本身产生影响。20 世纪 70 年代末，英国学者 Sellars 提出了第一个预报多道次热轧过程金属材料微观组织演变的数学模型[65]之后，金属材料高温变形微观组织演变和力学性能预报的各种数学模型得到了迅速发展[66]，而且已建立了从金属材料热变形过程到产品最终力学性能的一整套预报系统[67, 68]。

金属材料微观组织预报和控制方法在板带轧制中已得到广泛应用，先进国家已经采用计算机集成化的 TMCP 技术来控制钢板的生产过程[69]。20 世纪 60 年代至今，微合金化和 TMCP 技术一直是提高钢材综合性能的重要手段和国内外学者的研究热点[70~73]。在热轧带钢、宽厚板、型材和棒、线材等领域，TMCP 技术得到充分发展，钢中的碳及合金含量大幅度降低，开发出一系列具有高强度、高韧性及良好焊接性能的热轧钢材产品[17, 74~78]。近年来许多学者开始研究板带材形变诱导相变实现超细晶，并强调形变诱导相变是指在变形中完成的、可获得超细晶粒的动态相变过程，可将碳素钢晶粒从传统 TMCP 的 $5\mu m$ 细化至 $1\mu m$ 左右[79~83]。

但在热轧无缝钢管生产中，由于钢管断面中空，规格变化范围大，金属变形和冷却比较复杂，对于确定机组的变形温度和变形量的设定灵活性较小，使其形变和相变过程不易控制，钢管 TMCP 的变形、冷却及其对微观组织变化规律的影响还缺乏深入研究。目前板带材生产中广泛应用的变形中完成的形变诱导相变，在无缝钢管生产过程中无法实现。无缝钢管的形变诱导相变，只能通过在未再结晶区进行变形累积，增加位错、形变带和畸变能，并通过超快冷却或控制冷却，诱导相变提前发生，提高相变形核率，并快速完成转变，同时在转变后弥散析出细小的第二相，最终得到细化、强化的组织。

国内外学者都很重视 TMCP 对无缝钢管组织、性能的重要影响，并从控制轧制和控制冷却两方面进行了相关的研究。

1.2.3.1 无缝钢管控制轧制研究

对于热轧无缝钢管控制轧制过程中组织变化规律的研究方法主要是实验模拟研究，通常采用热压缩或热扭转实验和板条轧制模拟实验。实验模拟研究中应变、应变速率和温度一般采用的是每一机架的平均值。

L. N. Pussegoda 等人对无缝钢管轧制过程中金属组织变化情况和动态再结晶控制轧制工艺进行了实验研究[70, 71]，发现在无缝钢管穿孔、轧管和定（减）径阶段均可采用再结晶型控制轧制工艺，达到细化晶粒的目的。日本学者三原丰等人采用热扭转实验测试了 10C-10V 和 12C-16V 钢管穿孔、连轧和张力减径变形过程中应力-应变曲线，结果如图 1-5 所示[32]。由图可以发现：穿孔过程中发生了稳定的动态再结晶；连轧道次间隙发生完全的静态再结晶；张力减径前三道次轧制应力迅速增加，后一道次的起始应力与前一道次的终了应力基本相等，说明前三道次间隙时间内没有发生再结晶，但是应变得到了累积，从第四道次开始，应力的增加速率变小，表明在第四道次发生了动态再结晶，同时还有少量静态软化。比较两组曲线可知，12C-16V 比 10C-10V 的应力更大，这是 V 含量增加所致。

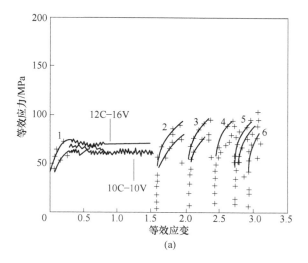

(a)

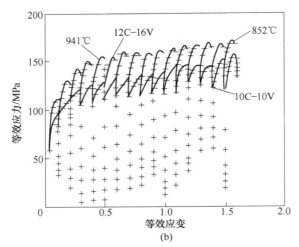

图 1-5 模拟 10C-10V 和 12C-16V 钢管穿孔、连轧和减径时的应力-应变曲线[32]

(a) 穿孔和连轧；(b) 减径

1~6—轧制道次

作者采用 Gleeble 热模拟实验机对基于 MPM 工艺的 P110 钢级 30CrMnMo 石油套管的轧制过程进行了实验模拟，重点分析了基于 MPM 工艺的 P110 钢级 30CrMnMo 石油套管在穿孔、MPM 连轧及张力减径过程中的再结晶行为和微观组织演变规律[30]。图 1-6 (a) 为穿孔及连轧的应力应变曲线，由图可知，穿孔时的应力应变曲线存在一个单峰值，然后是一个平台，这说明穿孔过程中发生了动态再结晶；同时穿孔、连轧的间隙发生了几乎完全的亚动态再结晶，连轧的道次间隙发生了静态再结晶，动态和静态再结晶细化了管坯晶粒，改善了金属的热成形性能。图 1-6 (b) 为减径时的应力应变曲线，由图可知，从第四道次开始，应力的增加速率减小，表明在第四道次发生了动态再结晶。减径时由于每道次的应变很小，而且温度低、间隙时间短，前三道次的间隙时间内不可能发生静态再结晶，因此应变累积起来在第四道次发生了动态再结晶。研究结果表明，无缝钢管可利用穿孔及连轧过程中的静态再结晶控制来获得减径前的细小奥氏体晶粒，减径时应用动态再结晶控制来细化奥氏体晶粒。

1.2.3.2 无缝钢管控制冷却研究

目前国内外有关钢管控制冷却的研究主要集中在在线常化、在线淬火和在线加速冷却等工艺方面。

在线常化工艺亦即在线正火，是近年来开发的一种工艺流程简化、降低成本、节约能源的无缝钢管轧制新工艺，是在热轧无缝钢管生产中，在轧管或均整工序后将钢管空冷或强制冷却到相变点 A_{r1} 以下，通过奥氏体向铁素体转变，使

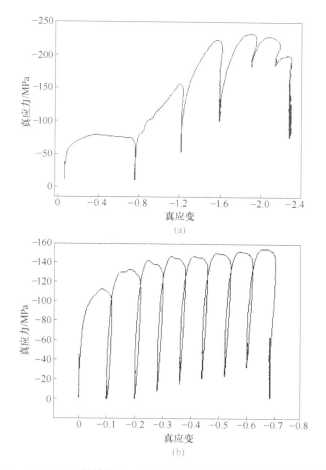

图 1-6　30CrMnMo 钢管穿孔、连轧和减径时的真应力-真应变曲线[30]

（a）穿孔和连轧；（b）减径

钢管进入再加热炉前进行一次相变，再送进再加热炉加热到 900~950℃奥氏体化后，然后进行定（减）径，利用重结晶细化奥氏体晶粒。此外，通过添加适量微合金元素，例如 Nb、V、Ti 等，将控制轧制和在线常化工艺相结合，通过动态再结晶、析出强化等，更有利于获得晶粒细小、组织均匀、强韧性好的钢管[84~86]。国内外很多石油管生产企业已在 N80 套管生产中成功开发了在线常化工艺[25, 85, 86]。

　　无缝钢管在线淬火工艺采用轧制后余热直接淬火，并与回火工艺相结合，提高钢管综合力学性能。在线余热淬火，代表了钢管在线热处理工艺发展的新方向，有利于充分发挥形变与相变的交互作用，利用形变强化和相变强化的共同作用来提高钢管的强韧性，同时相较于离线淬火，避免了重复加热，有利于节约能源，降低成本。国内外许多钢管企业都对该技术做了大量的探索研究[25, 87~89]。

在线加速冷却技术是一种在轧制后采用轧后余热直接冷却的工艺，通过对轧制后的形变奥氏体进行强化冷却，即在一定时间内使金属快速降温到相变温度，从而阻止奥氏体晶粒长大，尽量保持奥氏体的硬化状态，抑制第二相析出，发生形变诱导相变，在相变温度快速形核，得到细小晶粒的同时弥散析出微细的第二相，发挥细晶、形变、相变和析出等多重协同强化作用。如果在线加速冷却工艺的冷却速度达到 50℃/s 以上，就可能实现超快冷却，甚至直接实现在线淬火。在线加速冷却工艺已成功应用于板带材、型材、棒线材等产品，无缝钢管因其中空断面的特点，在线加速冷却工艺发展有一定的滞后性。近年来，国内外许多学者进行了大量的研究摸索，现在无缝钢管在线冷却技术的应用也初具发展规模[21, 25, 90, 91]。

目前，在线控制冷却设备主要安装在冷床和辊道两个位置。冷床上冷却设备庞大，冷却能力有限且冷却均匀性不高，尤其是冷床的冷却介质通常为空气，冷却能力更弱。王士俊等人研究了无缝钢管冷床上的加速冷却设备装置[90]。由于冷床上安装在线冷却装置的局限性，许多研究学者开发了辊道上的在线冷却设备，使钢管在辊道运行的过程中得到冷却。美国 Timken 钢管公司已采用喷雾冷却装置（见图 1-7）实现了钢管的在线加速冷却[25]，奥地利钢铁协会下属的一家无缝钢管厂研发设计了无缝钢管在线加速冷却设备，天津钢管公司与东北大学合作研发了组合式冷却设备[91]。宝钢集团于 2000 年设计了环向喷水在线冷却装置，该装置由冷却气环和冷却水环构成，通过水雾冷却方式实现无缝钢管的在线加速冷却[21]。宝钢与东北大学于 2016 年联合开发出了国内首套可实现精确控温的热轧无缝钢管控制冷却工业化装备平台（见图 1-8），可实现常规控制冷却和直接淬火功能。

扫一扫
查看彩图

图 1-7　Timken 快速冷却装置[25]

扫一扫
查看彩图

图 1-8　宝钢与东北大学联合开发的热轧无缝钢管控制冷却工业化生产装备

作者对基于 MPM 工艺 30CrMnMo 石油套管减径后的控制冷却工艺进行了研究[30]。图 1-9 为 30CrMnMo 钢管减径后控制冷却的微观组织，由图可知，减径变形后，当冷却速度从 1℃/s 增加至 3℃/s 时，晶粒尺寸从 7.5μm 又进一步细化至 6.6μm，细化作用十分明显。研究结果表明，在 P110 钢级石油套管的生产中，减径时可应用再结晶型控制轧制结合减径后的快速冷却来细化最终的晶粒。

从以上国内外对无缝钢管 TMCP 的研究现状来看，缺少对无缝钢管从加热、轧制到冷却的全流程整体研究，特别是缺乏对 TMCP 整个生产过程中无缝钢管的微观组织演变规律、形变诱导相变规律和多种强化方式协同作用机制的深入研究。美国等发达国家对钢管 TMCP 的研究相对比较系统，并基本掌握了钢管 TMCP 的核心技术，但其主要设备不但价格昂贵，且对中国实施出口限制和技术保密。而我国学者对钢管的 TMCP 只进行了初步的实验研究，还没有形成完整的技术体系，有关钢管轧制变形和冷却相变及其对微观组织演变的影响机理还不明确，结果较难获得强韧性优良的理想组织，钢管综合性能还未得到充分的挖掘。因此，结合我国生产实际，对钢管 TMCP 进行深入、全面、综合、系统的研究极其必要。

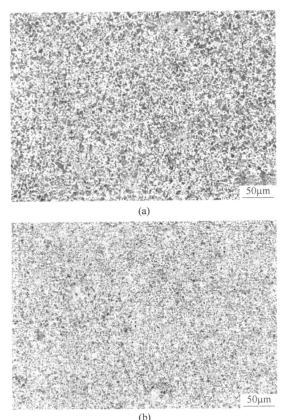

(a)

(b)

图 1-9　30CrMnMo 钢管减径后的显微组织[30]

（a）冷速为 1℃/s；（b）冷速为 3℃/s

1.2.4　无缝钢管控制冷却传热研究

目前钢管离线淬火普遍采用钢管旋转的同时外表面层流冷却、内表面轴向喷射冷却的台架淬火方式[92, 93]。这种冷却方式既浪费水，而且冷却不均匀，冷却能力有限。因为大量的冷却水，很快在钢管表面形成蒸汽膜，反而会降低换热系数。在工厂实际生产中，曾出现许多质量问题，如头尾硬度不均，较大的淬火变形，甚至出现裂纹。因此这种冷却方式不适宜应用到在线热处理生产中[94]。要想实现无缝钢管的在线控制冷却，最好的方法是采用高压的水或气水喷嘴，形成高速细小的水滴或雾滴冲击钢管表面，使之不能建立起稳定的气膜，从而提高传热效率，并通过控制气、水的压力和流量精准控制冷却传热过程[17]。喷雾冷却过程大致可以分为对流换热、核态沸腾、过渡态沸腾和稳定膜态沸腾四个阶段，在不同的阶段具有不同的换热机理[95]，如图 1-10 所示。当表面温度高于

Leidenfrost点，水滴在表面呈不润湿状态，水滴达到热表面破裂流失，此时表面温度升高，表面聚集着由蒸汽和水雾组成的薄层，阻止水滴与表面接触，且随温度升高趋向稳定，传热处于稳定膜态沸腾阶段，冷却效率只有约20%。在稳定膜态沸腾阶段，必须通过增加水、气压力，提高喷射液滴速度，细化液滴粒径，使之获得足够的能量穿过薄层，到达钢管表面，然后受热蒸发，才能实现对钢管的超快冷却。美国 Timken 钢管公司已采用喷雾冷却装置实现了钢管的在线加速冷却[25]，我国学者也开始重视钢管的在线喷雾冷却技术[19~24]。

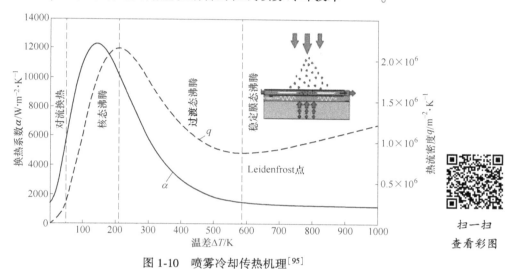

图 1-10　喷雾冷却传热机理[95]

扫一扫
查看彩图

　　决定钢管控制冷却传热的主要因素是钢管和冷却水间的界面换热，而影响钢管和冷却水之间界面换热的因素非常多。在实际模拟计算中，往往把这些因素归结到一个换热效率值即换热系数（h）上。钢管气雾控制冷却传热仿真的关键就是确定传热边界条件——界面换热系数。科研工作者主要采用实验法和反传热法来研究界面换热系数。但在实际冷却过程中，由于钢管高温、水雾喷射及表面蒸汽膜的影响，很难直接测定冷却钢管表面的热流密度值和温度值，可行的方法是通过温度反算，获得符合实际条件的换热系数。

　　目前国内外对于钢的换热系数的研究主要针对连铸、热轧板带控制冷却和实心金属淬火过程[96~105]，而对于中空断面钢管，如何确定控制其冷却传热过程的换热系数，这一问题一直没有得到很好解决。东北大学、天津钢管公司和宝钢的学者对钢管控制冷却过程进行了研究[20~24]，开发了相应的喷雾冷却装置，测定了钢管冷却过程中的温度和冷却后的组织及性能，但未详细计算不同冷却条件下的界面换热系数。宝钢与东北大学联合开发出了国内首套可实现精确控温的热轧无缝钢管控制冷却工业化装备平台，但从已经公布的研究结果中也未看到关于冷却界面换热机理的相关报道。加拿大英属哥伦比亚大学（UBC）对无缝钢管快速冷却过程中的界面换热系数进行了测试[25]（见图1-11），但未公布相关研究结果，所以我们也无法共享其成果。因此，必须建立专门的钢管控制冷却传热实验平台对钢管控制冷却传热机理进行深入研究，获取复杂冷却传热过程的界面换热相关参数，为建立传热、冷却速度和相变的定量关系提供准确的边界条件，从而通过理论计算确定控制冷却的工艺参数。

(a)

(b)

图 1-11　UBC 钢管喷雾冷却测试实验[25]

（a）高温钢管试样；（b）喷雾冷却实验

扫一扫
查看彩图

1.2.5 目前存在的主要问题

通过国内外对无缝钢管 TMCP 的研究进展的总结，可以发现，目前关于无缝钢管 TMCP 的研究工作主要存在以下问题。

（1）对钢管轧制变形过程的研究通常针对单一轧制工序，缺少对钢管整个轧制过程的全面研究，特别是缺少基于目前最先进的 PQF 工艺的钢管整个轧制变形过程的研究，而且现有研究也较少考虑形变、相变的交互作用及其对微观组织演变的影响。

（2）由于 TMCP 在无缝钢管生产中的开发及应用尚处于起步阶段，因此缺乏对无缝钢管 TMCP 微观组织演变规律、形变诱导相变规律和多种强化方式协同作用机制的深入研究。

（3）目前国内外对于钢的冷却换热系数研究主要针对连铸、热轧板带控制冷却和实心金属淬火过程，对中空断面钢管控制冷却换热系数鲜有研究，钢管 TMCP 控制冷却设计缺少关键的换热系数数据。

1.3　研究意义及内容

1.3.1　研究意义

根据目前钢管 TMCP 研究存在的问题，本书拟基于 TMCP 的原理和技术手段，以典型低合金钢 30MnCr22 和高合金钢 P91 为研究材料，调整无缝钢管 PQF 工艺中轧制变形和冷却相变过程的工艺参数，对微观组织与工艺参数的关系进行分析，对无缝钢管的强韧化机理进行研究。本研究工作对于优化基于 PQF 工艺的无缝钢管 TMCP 工艺参数，进而探明无缝钢管 TMCP 轧制和冷却过程的微观组织变化规律及强韧化机理具有重要的价值，同时也寄希望本工作能够对推进我国无缝钢管 TMCP 的实施发挥作用。

1.3.2　研究内容

（1）无缝钢管 TMCP 典型钢种的高温再结晶行为。以典型低合金钢 30MnCr22 和高合金钢 P91 为研究对象，利用 Gleeble-1500D 热模拟实验机进行单道次和双道次热压缩实验，测定高温真应力-真应变曲线，分析其高温动态、亚动态和静态再结晶规律，回归高温流变应力-应变本构关系和静态再结晶动力学方程，分析并提出不同钢种在穿孔、连轧和定（减）径过程中的控制轧制策略。

（2）无缝钢管 TMCP 控制冷却的传热与相变机理。建立无缝钢管控制冷却传热物理模拟实验平台，测定 30MnCr22 无缝钢管控制冷却传热过程的温度曲线，通过反传热法，计算其在气雾控制冷却条件下的界面换热系数，分析其冷却传热机理；以 30MnCr22 和 P91 钢为研究对象，测定其形变奥氏体连续冷却转变曲线（动态 CCT 曲线），分析变形条件和冷却速度对相变的影响，确定 30MnCr22 钢管减径和超快冷却工艺参数以及 P91 钢管定径和控制冷却工艺参数；通过高温激光共聚集显微镜对 28CrMoVNiRE 无缝钢管试样快速冷却相变过程的原位观察，分析快速冷却条件下马氏体相变机制和强韧化机理。

（3）无缝钢管 TMCP 的实验模拟和数值模拟。以 30MnCr22 钢和 P91 钢为研究对象，参考板带的粗轧和精轧来确定压下量进行无缝钢管 TMCP 的实验模拟，通过 Gleeble-1500D 热模拟实验机进行多道次热压缩实验，模拟穿孔、PQF 连轧和定（减）径三个轧制变形过程，通过改变轧制过程的变形量、道次间隙时间和轧制后的冷却速度，分析钢管轧制和冷却过程中的再结晶行为、微观组织演变规律和强韧化机理，为无缝钢管的 TMCP 的实施提供理论指导。在实验模拟的基础上建立传热、变形和微观组织耦合有限元模型，进一步分析无缝钢管 TMCP 的传热、变形和微观组织转变规律。

（4）无缝钢管 TMCP 的在线微观组织控制与强韧化机理。根据 30MnCr22 钢和 P91 钢的钢种特性、再结晶规律、TMCP 实验和数值模拟结果和控制冷却的传热与相变机理，并结合无缝钢管 PQF 工艺生产实际，在加热、轧制和冷却过程中制定具体的微观组织在线控制策略，在穿孔、连轧和定（减）径阶段采取不同的再结晶控制轧制方式，并结合轧后的超快冷却或控制冷却，实现微观组织的有益遗传和力学性能的提升，验证无缝钢管 TMCP 的可行性和先进性。

根据本书的研究目标及内容，制定的技术路线图如图 1-12 所示。

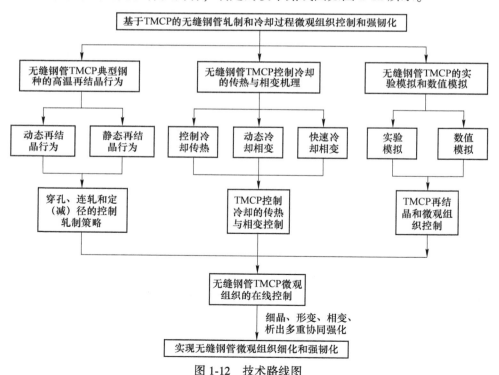

图 1-12 技术路线图

2 无缝钢管 TMCP 的合金化

2.1 无缝钢管 TMCP 的合金化思路

TMCP 可以降低钢管合金元素含量，通过在线热机械控制实现高强韧性，故钢管 TMCP 钢一般采用低碳低合金钢，通过控制轧制与在线热处理，可同时实现固溶、细晶、形变、相变、析出等多重协同强化效果，促进微合金元素的高效利用，全面提升钢管的综合性能。

以油井管为例，P110 钢级石油套管是世界各国技术套管和油层套管的主要管材之一。随着世界各国油气钻采力度的不断加大，P110 石油套管的需求量近年内将呈现持续增长态势，市场前景十分广阔[106, 107]。由于 API 对 P110 的化学成分没有规定[108]，因此，各厂家采用的化学成分有很大差异。从钢种系列看，可以分为碳锰系、锰钼系、铬钼系、铬锰钼系等。此外，微量的钛、铌、硼、铜、稀土（RE）也逐渐在 P110 石油套管钢中得到应用。为简化设计及降低成本，P110 钢级石油套管常采用技术较成熟的碳锰系，同时在此基础上添加微量 Cr 和 Mo 合金。30MnCr22 钢（化学成分见表 2-1）就是 P110 管体和接箍经常选用的一种经济型钢种[109~111]，此外 30CrMnMo 钢（化学成分见表 2-2）也经常采用，但因其含有较昂贵的 Mo 合金，所以其生产成本略高。采用 TMCP 技术，通过在线热处理就可以提高钢管的力学性能，所以钢管 TMCP 钢优先采用经济型钢种，如 30MnCr22 作为一种新型经济型石油套管钢种，目前主要通过传统的离线热处理来提高其力学性能，其力学性能开发已至极限，且韧性不理想。在这种条件下，采用 TMCP 能够使 30MnCr22 这种经济型石油套管钢在不添加过多合金元素的条件下，通过在线热处理来获得优异的高强韧性能，实现油井管的减量化生产。

表 2-1　30MnCr22 钢的化学成分　　　　　　　（质量分数，%）

C	Si	Mn	P	S	Cr	Mo	Al
0.28~0.32	0.20~0.35	1.30~1.50	≤0.025	≤0.020	0.15~0.30	≤0.08	0.01~0.04

表 2-2　30CrMnMo 钢的化学成分　　　　　　　（质量分数，%）

C	Si	Mn	P	S	Cr	Mo
0.28~0.31	0.25~0.33	0.85~1.00	≤0.020	≤0.015	0.90~1.05	0.40~0.45

　　但是以上钢管 TMCP 钢并没有专门针对微合金钢，未考虑微合金元素对 TMCP 的有益影响，仅仅发挥了控制轧制和控制冷却的形变强化、细晶强化和相变强化的作用，并没有充分利用微合金元素在控制轧制和控制冷却中的细晶强化和析出强化作用。TMCP 的研究理论表明，没有添加微合金元素的钢管，仅靠控制轧制和控制冷却对提高强韧性作用有限。为了进一步提高钢管的强韧性，控制轧制和控制冷却需要加入微合金元素。若无缝钢管 TMCP 钢采用微合金化钢，则可同时实现固溶、细晶、形变、相变和析出等多重协同强化效果，全面提升无缝钢管综合性能。目前 TMCP 钢中应用最多的微合金元素是 Nb、V、Ti，尤其是 Nb 的效果最好，其应变诱导析出物可实现应变积累，产生最显著的晶粒细化和中等的析出强化[32]，是 TMCP 高强韧钢首选的微合金元素[112]。另一方面，随着纯净钢冶炼和微合金化等冶金技术的发展，钢中较低的 RE 固溶量即可实现其微合金化作用[113]，RE 在钢中可起到变质夹杂、细化组织、净化强化晶界等作用，可提高钢的强韧性能，RE 已成为高附加值金属材料中的重要微合金元素，其应用也由单一微合金化发展到了复合微合金化。研究报道表明，微合金钢中加入 RE，可综合发挥微合金的强化效果和 RE 改善韧塑性的作用[114~117]。钢中加入 RE 可促进 Nb 等微合金元素在高温奥氏体区的固溶，抑制再结晶并细化原始奥氏体晶粒；相反在铁素体区又促进 Nb 等微合金元素的析出，加强析出强化作用；RE 加入微合金钢可降低轧制过程中的变形抗力，有利于实现未再结晶区控制轧制。25CrMoRE 是 RE 单一微合金化 TMCP 钢的典型代表（见表 2-3），30MnNbRE（见表 2-4）和 28CrMoVNiRE（见表 2-5）是 RE 微合金复合强化的典型 TMCP 钢种。

表 2-3　25CrMoRE 的化学成分　　　　（质量分数，%）

C	Si	Mn	P	S	Cr	Mo	Cu	Ni	RE
0.25 ~ 0.30	≤0.30	0.35 ~ 0.80	≤0.020	≤0.015	0.90 ~ 1.20	0.40 ~ 0.60	≤0.03	≤0.03	0.02 ~ 0.04

表 2-4　30MnNbRE 的化学成分　　　　（质量分数，%）

C	Si	Mn	P	S	Nb	RE	Cr, Ni, Cu
0.27~0.36	0.20~0.60	1.20~1.60	≤0.035	≤0.035	0.02~0.05	0.02~0.04	≤0.03

表 2-5　28CrMoVNiRE 的化学成分　　　　（质量分数，%）

C	Si	Mn	P	S	Cr	Mo	V	Ni	RE
0.25 ~ 0.30	≤0.30	0.35 ~ 0.80	≤0.020	≤0.015	0.90 ~ 1.20	0.40 ~ 0.60	0.25 ~ 0.35	0.50 ~ 0.75	0.02 ~ 0.04

　　由于 PQF 轧管机特别适用轧制高合金难变形金属，所以钢管 TMCP 也可针

对高合金钢，如 P91/T91（10Cr9Mo1VNb）钢。通过微合金化和 TMCP 可以综合提升 P91/T91 钢管的组织和性能，而且 TMCP 还可以降低 P91/T91 钢轧制过程中的变形抗力，实现难变形金属的控制轧制。

P91/T91 钢是在 9Cr-1Mo 的基础上加入 V、Nb、N 等合金元素进行微合金化的铁素体耐热高强钢（化学成分见表 2-6）。该钢种除了采用固溶强化和沉淀强化外，还通过纯净化、微合金化、控制轧制、形变热处理及控制冷却等获得高密度位错和高度细化晶粒的回火马氏体，因此强度和韧性有非常显著的改观，同时还拥有良好的抗氧化性能、高温持久强度、抗蠕变性能、耐腐蚀性和低热膨胀性，被广泛用于电力行业的（超）临界机组主蒸汽管道、过热器和再热器等关键部件[118~123]。

表 2-6　P91/T91 的化学成分　　　　（质量分数，%）

C	Si	Mn	P	S	Cr	Mo	V	Nb	N	Ni	Al
0.08 ~ 0.12	0.20 ~ 0.50	0.30 ~ 0.60	≤0.02	≤0.01	8.00 ~ 9.50	0.85 ~ 1.05	0.18 ~ 0.25	0.06 ~ 0.10	0.03 ~ 0.07	≤0.04	≤0.04

尽管 P91/T91 钢管具有很好的应用价值，但其生产成本非常高，加工工艺也比较复杂。一般钢管可以采用焊接焊管，焊接钢管的优点是制作简单、成本较低，但焊缝冲击韧性低，易造成安全隐患。因此 P91/T91 钢管主要采用塑性加工方法制造，如中空锻造法、热挤压法和热轧法。因锻造法生产存在生产效率低、材料利用率低等缺点，目前各国主要采用热挤压法和热轧法生产 P91/T91 钢管。热挤压法适合生产大口径厚壁无缝钢管，热轧法适合生产中小口径无缝钢管，生产效率比热挤压法高[118]。国内的天津钢管、宝钢钢管、成都钢管和华菱钢管等均采用热轧法生产出了质量合格的 P91/T91 无缝钢管。

2.2　无缝钢管用 30MnCr22 钢和 P91/T91 钢研究

本研究拟针对低合金 30MnCr22 石油套管钢和高合金 P91 耐热钢两类性能相差较大的材料验证无缝钢管 TMCP 的可行性和适用性。下面对两种无缝钢管用钢的研究情况进行总结。

2.2.1　30MnCr22 钢研究

30MnCr22 是一种经济型石油套管钢种，是在 30Mn 钢的基础上加入约 0.22% 的 Cr 合金。包钢用 30MnCr22 替代 30CrMnMo，取消昂贵合金元素 Mo 的加入，从而降低合金成本[109~111]。

国内学者对 30MnCr22 钢主要的研究工作集中在其离线热处理工艺方

面[109~111, 124]。包钢、内蒙古科技大学的学者通过实验室实验测定了 30MnCr22 钢的连续冷却转变（CCT）曲线（见图 2-1），以确定其水淬的临界冷却速度。在此基础上，分析了不同淬火、回火工艺参数对试样力学性能的影响，并确定了最佳的调质热处理工艺参数。通过现场试生产对离线调质热处理工艺的调整，最终生产出具有细小的回火索氏体组织（见图 2-2）的 P110 钢级石油套管，各项力学性能指标均能满足 API 标准对 P110 钢级石油套管的要求。但是离线热处理，对于石油套管力学性能的开发已至极限，且韧性不理想，已成为开发高钢级、高强韧钢管的技术瓶颈与难题。在这种条件下，采用 TMCP 能够使 30MnCr22 这种经济型石油套管钢在不添加过多合金元素的条件下，通过在线热处理来获得更加

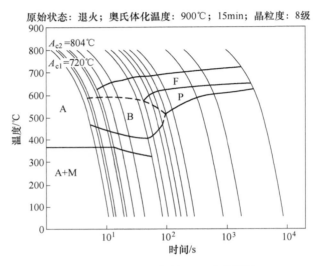

图 2-1　30MnCr22 钢的 CCT 曲线[121]

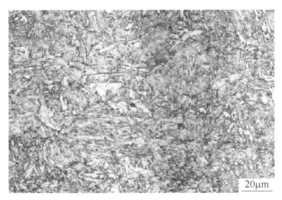

图 2-2　30MnCr22 钢管调质后的组织[110]

优异的高强韧性能，实现油井管的绿色节约化生产。目前关于 30MnCr22 钢管 TMCP 形变、相变行为及其对微观组织演变和强韧化的影响的研究很少，因此需要开展全面、深入、细致的研究工作。

2.2.2　P91/T91 钢研究

P91/T91 钢合金含量较高，但对 TMCP 却有良好的适用性。穿孔、连轧采用高温再结晶型控制轧制有利于软化组织，能保证其必要的高温塑性。P91/T91 钢中含有的 V、Nb、N 等合金元素能有效地抑制奥氏体的再结晶，具有扩大奥氏体未再结晶区的作用，充分利用这个特点，能对 P91/T91 钢管在较宽的温度范围内采用奥氏体未再结晶区控制轧制进行终轧。P91/T91 钢的强化方式主要有板条马氏体强化、固溶强化、位错强化和第二相粒子的析出强化，其中 V、Nb 碳氮化物的弥散析出强化效果尤为重要，它使 P91/T91 钢的高温性能有了质的提高[125, 126]。在未再结晶区形变会诱导 V、Nb 碳氮化物的析出，可达到进一步强化的目的。所以，对 P91/T91 钢管采用 TMCP 不仅可以大大简化钢管工艺流程，使生产连续化，而且可获得单一强化方法难以达到的强韧化效果，即与传统的再加热淬火所得的马氏体相比，在奥氏体未再结晶区加工后淬火所得到的马氏体其强度更高，塑韧性不会明显降低，P91/T91 钢管可获得更好的强韧性和可焊性[127, 128]。

天津大学的宁保群等通过热模拟方法研究了在未再结晶区（650～850℃）对 T91 钢进行不同程度的变形后直接淬火的形变热处理工艺，发现与传统离线热处理相比形变热处理不仅使 T91 钢微观组织明显细化（见图 2-3），而且生成更多的纳米级碳氮化物颗粒和高密度位错（见图 2-4）[127, 128]。

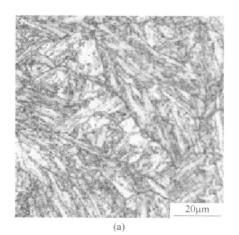

20μm

(a)

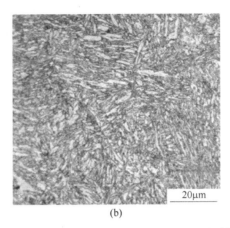

(b)

图 2-3 经不同热处理后 T91 钢的典型微观组织[127, 128]

（a）传统热处理；（b）形变热处理（750℃，变形量 50%）

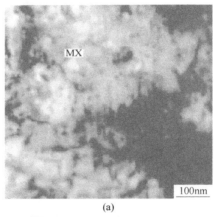

(a)

(b)

图 2-4 形变热处理后 T91 钢的纳米级析出物和

高密度位错[127, 128]（750℃，变形量 50%）

（a）纳米析出物；（b）高密度位错

但是其热模拟设定的变形温度过低，只有 650~850℃，这在实际 P91/T91 钢管轧制生产中无法实现。P91/T91 钢管实际轧制生产中，定（减）径终轧温度约在 1000℃，因此需要结合 P91/T91 无缝钢管实际终轧条件来研究其 TMCP 才更有针对性。

总之采用 TMCP 技术生产 P91/T91 无缝钢管在我国目前尚属空白，在国外也属于刚刚着手研究阶段，因此开发 P91/T91 钢管 TMCP 技术对发展我国铁素体耐热钢具有重要的理论意义和应用价值[125, 129]。

2.3 本 章 小 结

（1）TMCP 不要求材料有高的合金元素含量，主要依靠在线热机械控制来提高强韧性。故无缝钢管 TMCP 钢一般选用低碳低合金钢，通过对材料的控制轧制与在线热处理，利用固溶、细晶、形变、相变、析出等多重强化作用的协同效果，实现微合金元素的高效利用，全面提升钢管的综合性能。由于 PQF 轧管机特别适用轧制高合金难变形金属，所以基于 PQF 工艺的无缝钢管 TMCP 也可针对高合金钢，通过微合金化和 TMCP 的共同作用可以综合提升 P91 钢管的组织和性能，而且 TMCP 还可以降低 P91 钢轧制过程中的变形抗力，实现难变形金属的控制轧制。

（2）对无缝钢管典型用钢在基于 PQF 工艺的 TMCP 中的微观组织演变和强韧化机理还缺乏必要的研究，基于 PQF 工艺的无缝钢管 TMCP 实施还没有典型钢种的相关实验验证。因此需要针对典型低合金钢和高合金钢进行 TMCP 的理论与实践研究。

3 无缝钢管 TMCP 典型钢种的高温再结晶行为

要想实现无缝钢管生产过程中的 TMCP，必须对钢管在热轧过程中的高温力学行为和再结晶规律进行深入研究，掌握其高温变形规律，分析各变形参数对其再结晶行为的影响，从而优化轧制工艺参数，控制轧制变形过程。本研究以低合金经济型石油套管钢种 30MnCr22 和高合金难变形钢种 P91 为研究对象，分别针对低合金钢和高合金钢研究钢管 TMCP 的可行性，通过 Gleeble-1500D 热模拟实验机的单道次热压缩实验测定其高温流变应力，分析其高温动态再结晶规律，回归其高温流变应力数学模型和动态再结晶动力学数学模型；通过双道次热压缩实验测定其静态再结晶应力应变，分析其高温静态再结晶规律，回归其静态再结晶动力学数学模型。

3.1 实验材料与实验方案

3.1.1 实验材料

本研究拟针对低合金钢和高合金钢两类性能相差较大的材料验证无缝钢管 TMCP 的可行性和适用性。低合金钢选择不含过多合金元素的经济型石油套管钢种 30MnCr22，通过 TMCP 进行低合金钢的控制轧制与控制冷却，达到节约合金和能源的目的；高合金钢选择难变形的 P91 耐热钢，通过 TMCP 进行高合金难变形钢的控制轧制与控制冷却，实现热加工性能和微观组织的调控。

30MnCr22 连铸管坯的高温再结晶行为研究所用试样均取自某钢厂的连铸管坯，化学成分见表 3-1。

表 3-1 连铸态 30MnCr22 试样的化学成分　　　（质量分数，%）

C	Si	Mn	P	S	Cr	Mo
0.29	0.27	1.36	0.015	0.006	0.16	0.06

P91 钢管坯高温再结晶行为研究的试样均取自某钢厂锻造管坯，化学成分见表 3-2。

表 3-2 锻造态 P91 试样的化学成分 （质量分数，%）

C	Si	Mn	P	S	Cr	Mo	V	Nb	N	Ni	Al
0.10	0.35	0.45	0.013	0.005	9.01	0.95	0.21	0.08	0.05	0.20	0.10

3.1.2 实验方案

3.1.2.1 30MnCr22 钢高温再结晶行为研究方案

A 动态再结晶行为研究方案

从 φ210mm 连铸圆管坯约 1/2 半径处沿半径方向取料，并加工成 φ8mm×12mm 的试样，参考 30MnCr22 无缝钢管轧制变形工艺参数，在 Gleeble-1500D 热模拟实验机上，以 10℃/s 的加热速度加热到 1280℃，保温 5min，以 3℃/s 冷却速度冷却至不同变形温度，保温 5s 后进行热压缩变形模拟实验。模拟实验的变形温度以实际生产相应轧制变形过程的温度为依据设定，具体依据的温度为减径 850℃ 和 950℃、连轧 1100℃、穿孔 1250℃。试样进行 70% 变形率的单道次热压缩，应变速率均分别为 $0.5s^{-1}$、$2s^{-1}$、$5s^{-1}$ 和 $10s^{-1}$，变形结束后立即进行水淬，以保留变形结束时的组织形态。变形工艺规程如图 3-1 所示。实验完成后，根据不同变形条件下的真应力-真应变曲线，结合微观组织观察结果，分析变形工艺参数对动态再结晶的影响，回归高温流变应力数学模型。

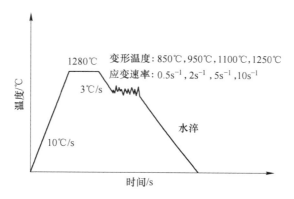

图 3-1 30MnCr22 钢单道次热压缩实验变形示意图

B 静态再结晶行为研究方案

在 Gleeble-1500D 热模拟实验机上，将同样来源的 φ8mm×12mm 的试样以与动态再结晶实验相同的工艺规程进行试样的加热、保温和降温、保温，然后进行模拟穿孔、轧管和减径的双道次热压缩实验。第一道次的变形量分别为穿孔 30%、连轧 30% 和 20%（取两种不同变形程度研究变形程度对静态再结晶的影响）、减径 20%，第二道次的变形量均为 10%，应变速率均取 2s⁻¹，道次间隙时间均分别为 1s、15s 和 60s。为研究不同变形速率下该钢种在减径过程的静态再结晶情况，保持其他工艺条件相同，在 950℃ 温度下，分别以 2s⁻¹ 和 5s⁻¹ 的变形速率进行热压缩。所有试样在变形结束后都立即进行水淬处理，以保留变形结束时的组织形态。根据不同变形条件下的真应力-真应变曲线，结合其微观组织观察情况，分析变形工艺参数对静态再结晶的影响，回归静态再结晶动力学模型。

结合动态、静态再结晶实验研究结果，分析并提出 30MnCr22 无缝钢管在穿孔、连轧和减径过程的再结晶控制策略。

3.1.2.2　P91 钢的高温再结晶行为研究方案

A　动态再结晶行为研究方案

从 φ430mm（外径）/φ100mm（内径）的锻造空心管坯约 1/2 壁厚处沿壁厚方向取料，加工成 φ8mm×12mm 的试样，参考 P91 无缝钢管轧制变形工艺参数，在 Gleeble-1500D 热模拟实验机上，以与 30MnCr22 钢动态再结晶实验相同的工艺规程进行试样的加热、保温后，降温到变形温度保温 5s，变形温度以实际生产相应轧制变形的温度为依据设定，具体依据的温度分别为定径 1050℃ 和 1100℃、连轧 1150℃ 和 1200℃、穿孔 1250℃。在上述变形温度下进行 70% 变形率的单道次热压缩实验，应变速率均分别为 0.5s⁻¹、1s⁻¹、2s⁻¹ 和 5s⁻¹，试样变形结束后立即进行水淬，以保留变形结束时的组织形态。变形工艺规程如图 3-2 所示。实验完成后，根据不同变形条件下的真应力-真应变曲线，分析变形工艺参数对动态再结晶的影响，回归流变应力数学模型。

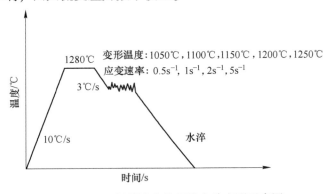

图 3-2　P91 钢单道次热压缩实验变形示意图

B　静态再结晶行为研究方案

将同样取自锻造管坯的 $\phi8mm\times12mm$ 的试样在 Gleeble-1500D 热模拟实验机上以与动态再结晶实验相同的工艺规程进行变形前的加热等预处理，然后进行模拟穿孔、轧管和定径的双道次热压缩实验，变形温度分别为穿孔 1250℃、连轧1150℃、定径 1050℃，第一道次的变形量分别为穿孔 70%、连轧 15%、定径15%，第二道次的变形量分别为穿孔 15%、连轧 5%、定径 5%，应变速率均取 $2s^{-1}$，道次间隙时间分别为穿孔 50s、连轧 1s 和 50s、减径 2s。所有试样变形结束后立即进行水淬，以保留变形结束时的组织形态。根据不同变形条件下的真应力-真应变曲线，分析变形工艺参数对静态再结晶的影响。

结合动态、静态再结晶实验研究结果，分析并提出 P91 无缝钢管在穿孔、连轧和定径过程的再结晶控制策略。

3.2　30MnCr22 钢的高温再结晶行为

3.2.1　变形条件对 30MnCr22 钢动态再结晶的影响

3.2.1.1　变形温度对 30MnCr22 钢动态再结晶的影响

动态再结晶是一种晶粒重新形核及长大的软化现象，在真应力-真应变曲线上直接表现为明显的峰值应力 R_p 下降。图 3-3 为不同变形温度下 30MnCr22 钢试样的真应力-真应变曲线，由图可知在不同变形温度下都看到了峰值应力 R_p 明显下降，说明材料均发生了动态再结晶。当应变速率为一个定值时，随着变形温度的升高，真应力-真应变曲线会向下移动，峰值应力 R_p 变小。表 3-3 和表 3-4 分别是不同变形条件下的峰值应力 R_p 及峰值应力对应的应变 ε_p（以下简称峰值应变 ε_p）。由表 3-3 和表 3-4 可知，当应变速率一定时，随着变形温度的升高，发生动态再结晶的峰值应力 R_p 和峰值应变 ε_p 均下降，从图 3-4 中可以非常直观地观察到这一现象。根据金属再结晶理论，当应变达到峰值应变 ε_p 时动态再结晶早已发生。发生动态再结晶的最小应变称为临界应变 ε_c，它是指材料在开始发生动态再结晶软化时的应变，由于此时大量的晶粒还在继续强化，所以临界应变 ε_c 比峰值应变 ε_p 要小一些，Rossard 认为其关系为 $\varepsilon_c\approx0.83\varepsilon_p$[130~134]。因此，随着变形温度的不断升高，30MnCr22 钢的动态再结晶临界应变 ε_c 也越来越小，表明动态再结晶更容易发生。其原因在于低温变形时加工硬化效果明显，加之实验钢中 Cr元素钉扎大量形变位错，使空位原子扩散及位错交滑移和攀移的运动受阻，导致回复软化现象不易发生，而高温变形时，加工硬化率较低，空位原子扩散及位错交滑移和攀移容易发生，因而特别容易发生动态再结晶软化现象。

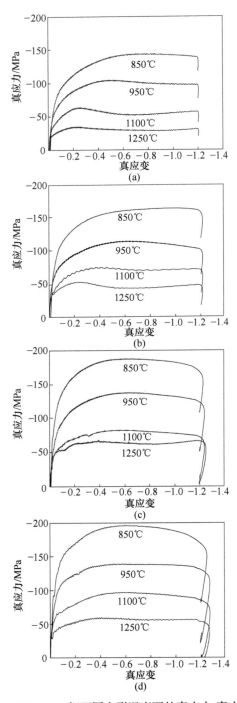

图 3-3   30MnCr22 钢不同变形温度下的真应力-真应变曲线

（a）应变速率为 0.5s^{-1}；（b）应变速率为 2s^{-1}；（c）应变速率为 5s^{-1}；（d）应变速率为 10s^{-1}

表 3-3　30MnCr22 钢不同变形条件下的峰值应力 R_p　　（MPa）

温度/℃	应变速率			
	$0.5s^{-1}$	$2s^{-1}$	$5s^{-1}$	$10s^{-1}$
850	143.610	164.210	187.910	196.400
950	104.810	114.440	137.790	139.560
1100	63.666	75.130	82.337	97.252
1250	35.280	53.209	59.620	67.438

表 3-4　30MnCr22 钢不同变形条件下峰值应变 ε_p

温度/℃	应变速率			
	$0.5s^{-1}$	$2s^{-1}$	$5s^{-1}$	$10s^{-1}$
850	0.78826	0.97599	0.64555	0.61252
950	0.51860	0.61461	0.60734	0.56137
1100	0.24079	0.36825	0.56104	0.54107
1250	0.22752	0.22635	0.39396	0.40694

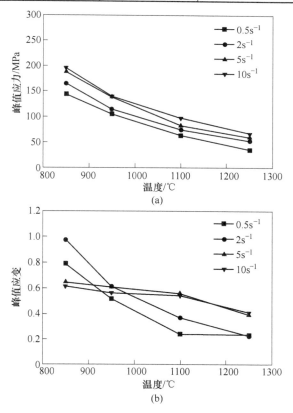

图 3-4　30MnCr22 钢峰值应力 R_p 和峰值应变 ε_p 随变形温度的变化

（a）峰值应力；（b）峰值应变

　　图 3-5 为应变速率为 $10s^{-1}$ 时不同变形温度下 30MnCr22 钢的微观组织。总体来讲，随着变形温度的下降，动态再结晶晶粒明显变细，说明低温下动态再结晶晶粒不易长大。观察图 3-5（a）发现，在 850℃时变形后，仍然可见明显的纤维状变形晶粒，在变形晶粒之间有大量的细晶粒出现，表明在 850℃时变形时，动态再结晶没有充分发生，只有在晶界处发生了部分动态再结晶，其余晶粒仍然保持形变晶粒的特征。而随着变形温度的增加，在 950℃、1100℃和 1250℃则几乎发生了完全的动态再结晶。

(a)

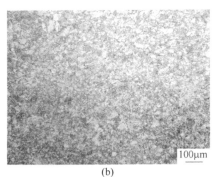

(b)

(c)

(d)

图 3-5 不同变形温度下 30MnCr22 钢的微观组织 （应变速率为 $10s^{-1}$）

（a）温度为 850℃ ；（b）温度为 950℃ ；（c）温度为 1100℃ ；（d）温度为 1250℃

3.2.1.2 应变速率对 30MnCr22 钢动态再结晶的影响

图 3-6 为不同应变速率下 30MnCr22 钢试样的真应力-真应变曲线，由图可知，当变形温度为定值时，随着应变速率的增加，真应力-真应变曲线向上移动，所对应的峰值应力 R_p 变大，说明快速变形会抑制动态再结晶软化的发生。动态再结晶的晶核形成和长大需要一定的时间，而变形速度的加快使动态再结晶来不及发生。由表 3-3、表 3-4 和图 3-7 可以看出，随着应变速率的增大，峰值应力 R_p 会随之增大，如图 3-7 （a）所示，但峰值应变 ε_p 在不同变形温度下变化情况却不太一致，如图 3-7 （b）所示。当变形温度较高时，ε_p 随应变速率的升高而升高；但当变形温度较低时，ε_p 随着应变速率的升高先是升高，然后又下降。比如在变形温度为 850℃ 时，应变速率从 $0.5s^{-1}$ 升高到 $2s^{-1}$ 时，ε_p 值从 0.78826 升高到 0.97599，而应变速率进一步升高到 $5s^{-1}$ 时，ε_p 值却下降到 0.64555，见表 3-4。这是由于变形温度较低时，应变速率太大会导致形变金属产生热效应，从而使其 ε_p 下降，动态再结晶临界变形量 ε_c 也会变小[32]，反而更容易发生动态再

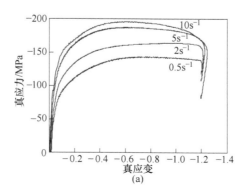

(a)

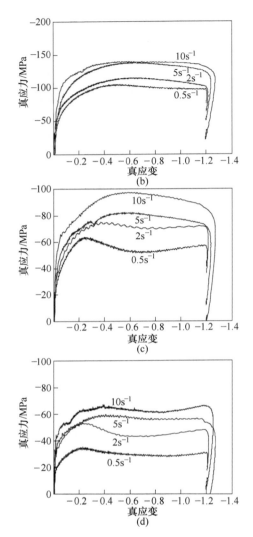

图 3-6 不同应变速率下 30MnCr22 钢的真应力-真应变曲线

（a）温度为 850℃；（b）温度为 950℃；（c）温度为 1100℃；（d）温度为 1250℃

结晶。由图 3-8 可知，随着应变速率的增加动态再结晶晶粒变细，说明增大应变速率时，动态再结晶晶粒来不及长大。同时发现大应变速率下，由于动态再结晶临界变形量 ε_c 变小，动态再结晶体积分数有所增加。

3.2.2 变形条件对 30MnCr22 钢静态再结晶的影响

目前，采用间断的双道次变形测定静态再结晶软化率 F_s 与体积分数 X_{srx} 的方法主要有补偿法（屈服应力所对应的塑性应变分别为 0.2%或 2%）、后插法、5%总应变法和平均应力法等。本研究采用塑性应变为 2%的补偿法确定软化率，如图 3-9 所示。

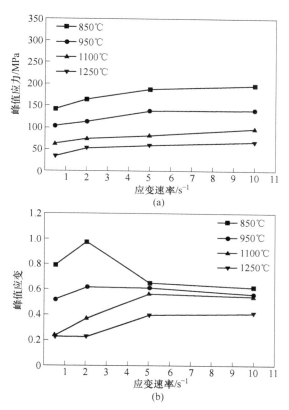

图 3-7　30MnCr22 钢峰值应力 R_p 和峰值应变 ε_p 随应变速率的变化

（a）峰值应力；（b）峰值应变

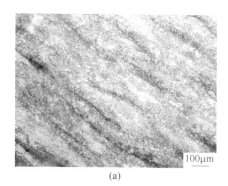

(a)

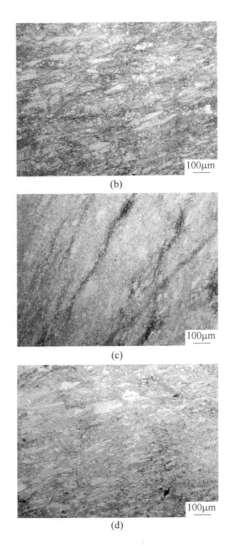

图 3-8　30MnCr22 钢不同应变速率下的微观组织（850℃）

（a）应变速率为 0.5s^{-1}；（b）应变速率为 2s^{-1}；（c）应变速率为 5s^{-1}；（d）应变速率为 10s^{-1}

　　与其他方法比较，补偿法处理数据的人为误差较小[135~139]。补偿法的软化率 F_s 由下式测定[140]：

$$F_s = (\sigma_m - \sigma_2)/(\sigma_m - \sigma_1) \tag{3-1}$$

式中，σ_m 为道次中断时的屈服应力；σ_1，σ_2 分别为第 1、第 2 道次压缩时的屈服应力。一般认为，静态再结晶约在软化率为 0.2 时开始[141]，因而，静态再结晶的体积分数 X_{srx} 可由下式确定：

$$X_{\text{srx}} = (F_s - 0.2)/(1 - 0.2) = (F_s - 0.2)/0.8 \quad\quad (3\text{-}2)$$

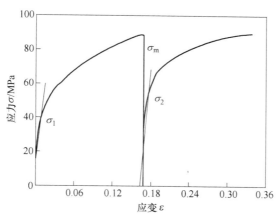

图 3-9　补偿法示意图

3.2.2.1　变形温度对 30MnCr22 钢静态再结晶的影响

图 3-10 为变形程度为 20%、应变速率为 $2s^{-1}$、道次间隙时间为 1s 时不同变形温度下 30MnCr22 实验钢在双道次热压缩实验后得到的真应力-真应变曲线，可见在道次间隙均发生了不同程度的软化。结合表 3-5，可知在变形温度较低时（850℃和 950℃），实验钢在短暂的间隙时间（只有 1s）内，只发生了静态回复，没有发生静态再结晶，所以软化率 F_s 很低；当变形温度升高到 1100℃，静态再结晶已经发生，静态再结晶体积分数 X_{srx} 达到 0.49，软化率 F_s 也提高至 0.59。

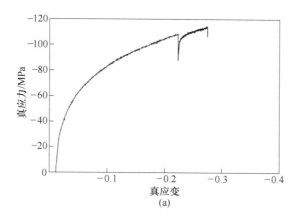

(a)

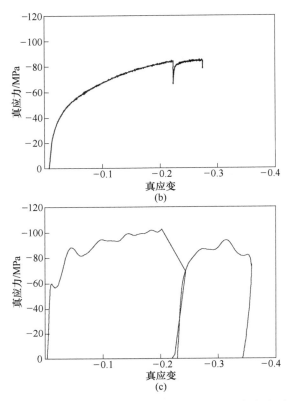

图 3-10　不同变形温度下 30MnCr22 钢的双道次热压缩真应力-真应变曲线

(a) 温度为 850℃；(b) 温度为 950℃；(c) 温度为 1100℃

3.2.2.2　道次间隙时间对 30MnCr22 钢静态再结晶的影响

表 3-5 显示了在不同变形温度下道次间隙时间对静态再结晶的影响，总体来说随着道次间隙时间的增加，静态再结晶软化率 F_s 和体积分数 X_{srx} 均增加，说明增加道次间隙时间有利于静态再结晶的发生。但在不同变形温度下，道次间隙时间的影响略有不同。当变形温度为 850℃时，静态再结晶不易发生，只有间隙时间达到 60s 时才发生了少量的静态再结晶；当变形温度升高到 950℃时，静态再结晶相对容易发生，间隙时间为 1s 时静态再结晶还没有来得及发生，当间隙时间达到 15s 时静态再结晶体积分数 X_{srx} 达到 0.39，但继续增加间隙时间至 60s 时，静态再结晶体积分数 X_{srx} 的增加有限，只到 0.41，说明当间隙时间增加到一定程度后静态再结晶将不再继续进行；当变形温度继续升高到 1100℃时，静态再结晶更容易发生，间隙时间为 1s 时静态再结晶体积分数 X_{srx} 就达到 0.49，当间隙时间达到 15s 时静态再结晶体积分数 X_{srx} 迅速增加至 0.89，但继续增加间隙时间至

60s 时，静态再结晶体积分数 X_{srx} 的增加有限，只到 0.93；当变形温度进一步升高到 1250℃时，静态再结晶特别容易发生，间隙时间为 1s 时静态再结晶体积分数 X_{srx} 就达到 0.94，进一步增加间隙时间，静态再结晶体积分数 X_{srx} 不再增加，仍为 0.94，说明变形温度较高时，静态再结晶驱动力小，变形温度是影响静态再结晶体积分数 X_{srx} 的主要因素，间隙时间对静态再结晶体积分数 X_{srx} 的影响已经可以忽略。

表 3-5　不同变形温度和道次间隙时间 30MnCr22 钢静态再结晶软化率和体积分数

变形温度/℃	间隙时间/s	σ_1/MPa	σ_2/MPa	σ_m/MPa	F_s	X_{srx}
850	1	32	97	103	0.08	0
850	15	33	98	110	0.16	0
850	60	28	99	121	0.24	0.05
950	1	35	80	85	0.10	0
950	15	36	60	85	0.51	0.39
950	60	32	57	85	0.53	0.41
1100	1	58	76	102	0.59	0.49
1100	15	64	67	99	0.91	0.89
1100	60	64	66	99	0.94	0.93
1250	1	31	32	50	0.95	0.94
1250	15	31	32	50	0.95	0.94
1250	60	30	31	51	0.95	0.94

当然间隙时间不仅影响再结晶软化率 F_s 和体积分数 X_{srx}，同时对静态再结晶晶粒尺寸也有很大的影响。当变形温度为 950℃时，间隙时间分别为 1s、15s 和 60s 时，对应的平均晶粒尺寸分别为 29.77μm、34.41μm 和 36.67μm（见图 3-11），说明随着间隙时间的延长，静态再结晶晶粒尺寸明显长大。

3.2.2.3　变形程度对 30MnCr22 钢静态再结晶的影响

对变形温度 1100℃时，分别取第一道次变形程度为 20% 和 30%，研究变形程度对静态再结晶的影响。由图 3-12 和表 3-6 可知，在 1100℃时，当变形程度从 20% 增加到 30%，静态再结晶更加容易发生，特别是间隙时间短时（如 1s），这种影响更加明显，静态再结晶体积分数 X_{srx} 从 0.49 迅速增加到 0.79。随着间隙时间的加长，静态再结晶相对容易发生，变形程度对静态再结晶的促进作用不再十分明显，当变形程度从 20% 增加到 30%，当间隙时间 15s 时，静态再结晶体积分数 X_{srx} 从 0.89 只增加到 0.91；当间隙时间 60s 时，静态再结晶体积分数 X_{srx} 从 0.93 只增加到 0.98。

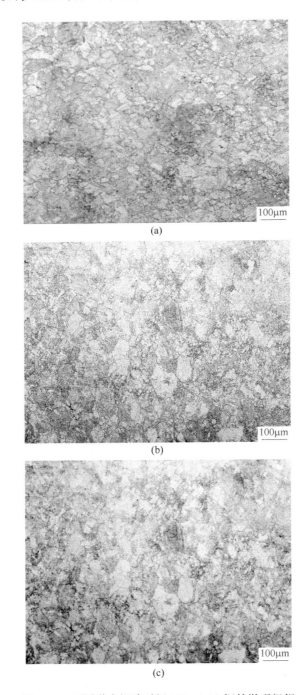

图 3-11   不同道次间隙时间 30MnCr22 钢的微观组织

（a）时间为 1s；（b）时间为 15s；（c）时间为 60s

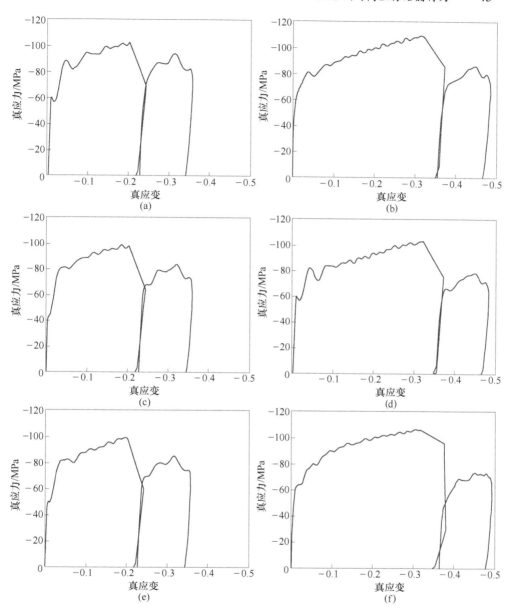

图 3-12 不同变形程度下的 30MnCr22 钢双道次热压缩真应力-真应变曲线（1100℃）

（a）20%，1s；（b）30%，1s；（c）20%，15s；（d）30%，15s；（e）20%，60s；（f）30%，60s

表 3-6 不同变形程度和道次间隙时间 30MnCr22 钢静态再结晶软化率和体积分数（1100℃）

变形程度 $\varepsilon/\%$	间隙时间/s	σ_1/MPa	σ_2/MPa	σ_m/MPa	F_s	X_{srx}
20	1	58	76	102	0.59	0.49

变形程度 $\varepsilon/\%$	间隙时间/s	σ_1/MPa	σ_2/MPa	σ_m/MPa	F_s	X_{srx}
20	15	64	67	99	0.91	0.89
20	60	64	66	99	0.94	0.93
30	1	63	71	111	0.83	0.79
30	15	61	64	104	0.93	0.91
30	60	62	63	106	0.98	0.98

3.2.2.4　应变速率对 30MnCr22 钢静态再结晶的影响

为了研究应变速率对静态再结晶的影响，取变形温度 950℃，间隙时间分别为 1s、15s 和 60s 时，应变速率分别为 $2s^{-1}$ 和 $5s^{-1}$ 时进行分析。如表 3-7 和图 3-13 所示，变形速率对静态再结晶的影响比较复杂，在不同间隙时间情况下其影响结果不尽相同。当间隙时间为 1s 时，静态再结晶无法发生，高的应变速率造成试样更加明显的加工硬化效应，短的间隙时间内只会发生少量的静态回复软化，所以造成应变速率为 $5s^{-1}$ 时反而比应变速率为 $2s^{-1}$ 时的软化率 F_s 要低；当间隙时间为 15s 时，静态再结晶已经可以发生，高的应变速率会促进静态再结晶的发生，所以应变速率为 $5s^{-1}$ 时比应变速率为 $2s^{-1}$ 时的再结晶软化率 F_s 和体积分数 X_{srx} 均有所提高，但提高并不明显；当间隙时间增加到 60s 时，静态再结晶更容易发生，高的应变速率对静态再结晶的促进作用更加明显，所以应变速率为 $5s^{-1}$ 时比应变速率为 $2s^{-1}$ 时的再结晶软化率 F_s 和体积分数 X_{srx} 均大幅提高。

表 3-7　不同应变速率 30MnCr22 钢静态再结晶软化率和体积分数（950℃）

应变速率/s^{-1}	间隙时间/s	σ_1/MPa	σ_2/MPa	σ_m/MPa	F_s	X_{srx}
2	1	35	80	85	0.10	0
5	1	45	102	104	0.04	0
2	15	36	60	85	0.51	0.39
5	15	40	63	89	0.53	0.41
2	60	32	57	85	0.53	0.41
5	60	52	59	107	0.87	0.84

3.2.3　30MnCr22 钢再结晶数学模型的建立

根据 30MnCr22 钢高温再结晶真应力-真应变曲线，结合再结晶微观组织照片，分析变形温度、变形程度、应变速率、间隙时间和原始晶粒度等因素对再结晶的影响规律，建立 30MnCr22 钢的高温流变应力数学模型、动态再结晶峰值应

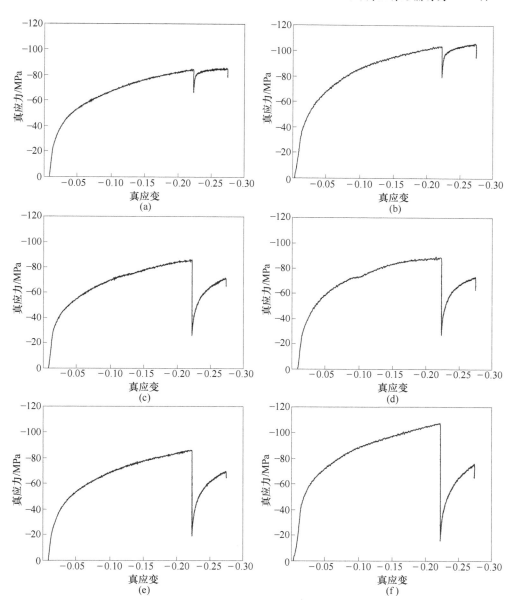

图 3-13 不同应变速率下 30MnCr22 钢的双道次热压缩真应力-真应变曲线（950℃）

（a）$2s^{-1}$，1s；（b）$5s^{-1}$，1s；（c）$2s^{-1}$，15s；（d）$5s^{-1}$，15s；（e）$2s^{-1}$，60s；（f）$5s^{-1}$，60s

变和临界应变模型、动态再结晶动力学模型和静态再结晶动力学模型，不仅可以确定在各种不同变形工艺条件下的动态、静态再结晶规律，而且可以为 30MnCr22 钢 TMCP 热、变形和微观组织耦合数值模拟提供材料数据。

3.2.3.1 30MnCr22 钢高温流变应力数学模型的建立

金属的热变形是一个受热激活控制的过程，其流变行为可用流变应力 σ、应变速率 $\dot\varepsilon$ 和变形温度 T 之间的关系描述。流变应力与应变速率的关系分别可用指数关系和幂指数关系描述[142~149]。

低应力水平（$\alpha\sigma < 0.8$）时：

$$\dot\varepsilon = A_1 \sigma^{n_1} \exp\left(-\frac{Q}{RT}\right) \tag{3-3}$$

高应力水平（$\alpha\sigma > 1.2$）时：

$$\dot\varepsilon = A_2 \exp(\beta\sigma) \exp\left(-\frac{Q}{RT}\right) \tag{3-4}$$

式中，A_1，A_2，n_1 和 β 均为与温度无关的常数；R 为气体常数，为 8.314J/（mol·K）；T 为变形温度，K；Q 为变形激活能，J/mol。热激活稳态变形行为可采用包含变形激活能 Q 和温度 T 的双曲正弦形式修正的 Arrhenius 关系来描述：

$$\dot\varepsilon = A[\sinh(\alpha\sigma)]^n \exp\left(-\frac{Q}{RT}\right) \tag{3-5}$$

式中，A，n 和 α 均为材料常数，α，β 和应力指数 n_1 满足 $\alpha = \beta/n_1$。

发生动态再结晶时金属的峰值应力与变形温度 T 和应变速率 $\dot\varepsilon$ 的关系与高温蠕变时的情况相似，应变速率和变形温度对流变应力的影响可用 Zener-Hollomon 参数 Z 表示[142~149]：

$$Z = \dot\varepsilon \exp\left(-\frac{Q}{RT}\right) = A[\sinh(\alpha\sigma)]^n \tag{3-6}$$

式中，Z 为温度补偿应变速率因子，表征了温度和应变速率对变形的影响。当变形温度越低、应变速率越大时，Z 值越大，开始发生动态再结晶的变形量和动态再结晶完成时的变形量也越大，也就是说需要一个较大的变形量才能发生动态再结晶。

式（3-7）可将流变应力 σ 表述成 Z 参数的函数：

$$\sigma = \frac{1}{\alpha}\left\{\left(\frac{Z}{A}\right)^{1/n} + \left[\left(\frac{Z}{A}\right)^{2/n} + 1\right]^{1/2}\right\} \tag{3-7}$$

假定在一定的温度下变形激活能 Q 为常数，对式（3-3）和式（3-4）两边取对数有：

$$\ln\dot\varepsilon = B_1 + n_1\ln\sigma \tag{3-8}$$

式中，$B_1 = \ln A_1 - \dfrac{Q}{RT}$。

$$\ln\dot\varepsilon = B_2 + \beta\sigma \tag{3-9}$$

式中，$B_2 = \ln A_2 - \dfrac{Q}{RT}$。

取不同条件下的峰值应力 R_p 为流变应力 σ，绘制出 $\ln\dot\varepsilon - \ln\sigma$、$\ln\dot\varepsilon - \sigma$ 关系图，并进行线性回归，如图 3-14 所示。1100℃ 和 1250℃ 较高温度下应力水平较低，根据式（3-8），取图 3-14（a）中温度为 1100℃、1250℃ 各直线斜率的平均值，得 $n_1 = (7.2004 + 4.16385)/2 = 5.682125$；850℃ 和 950℃ 较低温度下应力水平较高，根据式（3-9），取图 3-14（b）中温度为 850℃ 和 950℃ 各直线斜率的平均值，得 $\beta = (0.05379 + 0.07189)/2 = 0.06284\,\mathrm{MPa}^{-1}$，则 $\alpha = \beta/n_1 = 0.011\,\mathrm{MPa}^{-1}$。

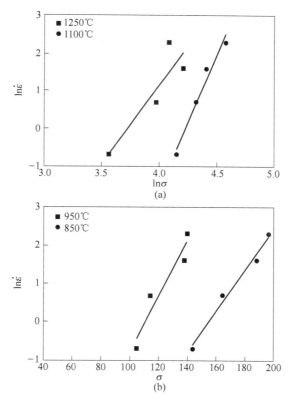

图 3-14　30MnCr22 钢峰值应力与应变速率的关系

（a）$\ln\dot\varepsilon$-$\ln\sigma$；（b）$\ln\dot\varepsilon$-σ

对式（3-5）两边取自然对数得

$$\ln\dot\varepsilon = B + n\ln[\sinh(\alpha\sigma)] \quad \left(B = \ln A - \dfrac{Q}{RT}\right) \tag{3-10}$$

以 $\ln\dot\varepsilon$ 和 $\ln[\sinh(\alpha\sigma)]$ 为坐标作图，并进行线性回归，如图 3-15（a）所示。

假定在恒应变速率条件下变形时，一定温度范围内 Q 保持不变，对式（3-6）两边取自然对数可得

$$\ln[\sinh(\alpha\sigma)] = A_3 + B_3 \frac{1000}{T}$$

$$A_3 = \frac{1}{n}(\ln\dot{\varepsilon} - \ln A), \ B_3 = \frac{Q}{1000nR} \tag{3-11}$$

以 $\ln[\sinh(\alpha\sigma)]$ 和 $1000/T$ 为坐标作图，进行线性回归，如图 3-15（b）所示。

考虑温度对变形激活能的影响，对式（3-6）求偏微分得

$$Q = R\left\{\frac{\partial\ln\dot{\varepsilon}}{\partial\ln[\sinh(\alpha\sigma)]}\right\}_T \left\{\frac{\partial\ln[\sinh(\alpha\sigma)]}{\partial(1/T)}\right\}_{\dot{\varepsilon}} = RnS \tag{3-12}$$

式中，n 为一定温度下 $\ln\dot{\varepsilon}$-$\ln[\sinh(\alpha\sigma)]$ 关系的斜率，即图 3-15（a）中各直线斜率的平均值，$n = (4.65334 + 5.70998 + 5.75931 + 3.79036)/4 = 4.97825$；$S$ 为应变速率一定的条件下 $\ln[\sinh(\alpha\sigma)]$-$(1/T)$ 关系的斜率，即图 3-15（b）中各直线斜率的平均值，$S = (7.58456 + 6.72838 + 7.09667 + 7.60741)/4 = 7.254255$。将 n 和 S 的值代入式（3-12）可得发生动态再结晶的变形激活能 $Q = 300.25\text{kJ/mol}$。

对式（3-6）两边取对数还可得

$$\ln Z = \ln A + n\ln[\sinh(\alpha\sigma)] \tag{3-13}$$

将 Q 值和变形条件代入式（3-6）求出 Z 值，绘制 $\ln Z$-$\ln[\sinh(\alpha\sigma)]$ 关系图并进行线性拟合，如图 3-15（c）所示。由式（3-13）可知，图 3-15（c）中直线的斜率即为应力指数 n，而其截距为 $\ln A$。拟合结果可得 $n = 7.7347$，$\ln A = 34.09533$，$A = 6.4182 \times 10^{14}\text{s}^{-1}$。

将 A、Q、n 和 α 等常数代入式（3-5）得到 30MnCr22 钢用 Arrhenius 关系表示的流变应力方程为

$$\dot{\varepsilon} = 6.4182 \times 10^{14}[\sinh(0.011\sigma)]^{7.7374}\exp[-3.0025 \times 10^5/(RT)] \tag{3-14}$$

用 Z 参数表达的流变应力方程为

$$\sigma = 90.91\{(Z/6.4182 \times 10^{14})^{1/7.7374} + [(Z/6.4182 \times 10^{14})^{2/7.7374} + 1]^{1/2}\} \tag{3-15}$$

Z 参数为

$$Z = \dot{\varepsilon}\exp[3.0025 \times 10^5/(RT)] \tag{3-16}$$

得出峰值状态应变速率方程：

$$\dot{\varepsilon}_p = 6.4182 \times 10^{14}[\sinh(0.011\sigma_p)]^{7.7374}\exp[-3.0025 \times 10^5/(RT)] \tag{3-17}$$

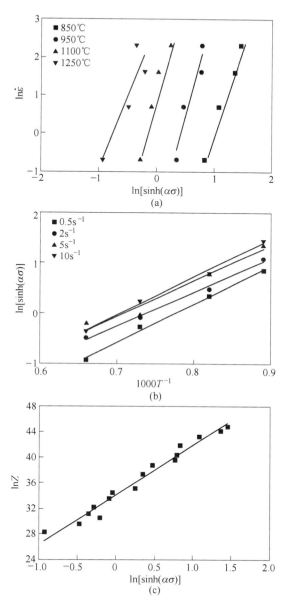

图 3-15　$\ln[\sinh(\alpha\sigma)]$ 与 $\ln\dot{\varepsilon}$ 以及 T^{-1} 和 $\ln Z$ 的关系

（a）$\ln[\sinh(\alpha\sigma)] - \ln\dot{\varepsilon}$；（b）$\ln[\sinh(\alpha\sigma)] - T^{-1}$；（c）$\ln[\sinh(\alpha\sigma)] - \ln Z$

3.2.3.2　30MnCr22 钢动态再结晶峰值应变和临界应变模型

为了在生产中通过变形工艺参数有效控制实验钢 30MnCr22 的动态再结晶，

需要建立动态再结晶临界应变 ε_c 与 Z 参数之间的关系式。临界应变 ε_c 在真应力-真应变曲线上不易确定，但因 $\varepsilon_c \approx 0.83\varepsilon_p$，故先求得峰值应变 ε_p，即可计算得到 ε_c。根据各项参数和 Z 参数的数值，便可以绘画出它们的曲线关系，回归出它们的关系式。

峰值应变 ε_p 与 Z 参数的关系[150~152]：

$$\varepsilon_p = Bd_0^\alpha Z^b \tag{3-18}$$

式中，d_0 为晶粒原始尺寸；B，b 为峰值状态下与 30MnCr22 有关的系数。

将两边进行取对数得

$$\ln\varepsilon_p = \ln Bd_0^\alpha + b\ln Z \tag{3-19}$$

将图 3-16 中的曲线进行线性拟合，得到 $Bd_0^\alpha = 0.04107$，$b = 0.0671$，得到峰值应变方程：

$$\varepsilon_p = 0.04107\left\{\dot{\varepsilon}\exp[3.0025 \times 10^5/(RT)]\right\}^{0.0671} \tag{3-20}$$

根据 $\varepsilon_c \approx 0.83\varepsilon_p$，可得 ε_c 与 Z 参数的关系式为

$$\varepsilon_c \approx 0.83\varepsilon_p = 0.03409\left\{\dot{\varepsilon}\exp[3.0025 \times 10^5/(RT)]\right\}^{0.0671} \tag{3-21}$$

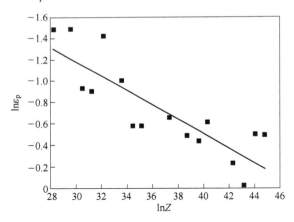

图 3-16　$\ln\varepsilon_p$ 与 $\ln Z$ 的关系

从图 3-16 中可以看出：$\ln\varepsilon_p$ 与 $\ln Z$ 基本上是线性关系，它们随 $\ln Z$ 的增加而增大。

由式（3-21）可知，随着变形温度的升高和应变速率的减小，Z 参数的值变小，动态再结晶的临界应变 ε_c 也减小，因此容易发生动态再结晶。

3.2.3.3　30MnCr22 钢动态再结晶动力学模型的建立

在金属材料的高温热变形过程中，根据 JMAK 动力学基础理论，在材料内部的微观组织发生动态再结晶过程中，存在一个动态再结晶体积分数和变形量之间

的关系式，得到动态再结晶体积分数模型为[150~152]

$$X_{drx} = 1 - \exp\left(-\beta_d \frac{\varepsilon - \varepsilon_c}{\varepsilon_p} k_d\right) \tag{3-22}$$

式中，X_{drx} 为动态再结晶体积百分数；k_d，β_d 均为金属材料参数。

材料内部微观组织发生动态再结晶时，晶界附近的晶粒会重新形核、长大，晶粒尺寸会随着发生变化，所以能够通过观测组织形貌变化并与原始组织形貌对比，大致确定动态再结晶体积分数。然而，在进行金相实验观测组织形貌过程中，会因为某些人为因素造成结果存在较大误差，为避免人为因素对金相组织观测实验的影响，本书通过图 3-17 分析应力-应变曲线的变化趋势及其原因，并采用式（3-23）进行计算，最终确定材料内部组织动态再结晶体积分数。

$$X_{drx} = \frac{\sigma_s - \sigma_m}{\sigma_s - \sigma_{ss}} \tag{3-23}$$

式中，σ_s 为动态回复型曲线稳态应力值；σ_{ss} 为动态再结晶型曲线稳态应力值；σ_m 为动态再结晶型曲线上变形量为 ε_m 对应的应力值。

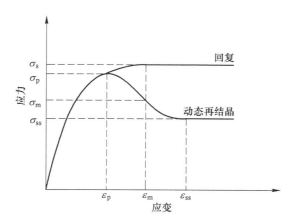

图 3-17　动态再结晶体积分数确定示意图

由 30MnCr22 钢动态再结晶实验真应力-真应变曲线可知，在温度为 1250℃，变形速率为 0.5s⁻¹ 情况下曲线为动态再结晶型，从曲线中得出不同变形量下动态再结晶各参数值，并计算出动态再结晶体积分数，见表 3-8。

表 3-8　动态再结晶相关参数及体积分数（1250℃，0.5s⁻¹）

ε_m	σ_m/MPa	σ_s/MPa	σ_{ss}/MPa	ε_c	ε_p	X_{drx}/%
0.25	34.1	35.3	29.3	0.19	0.23	20.0

ε_m	σ_m/MPa	σ_s/MPa	σ_{ss}/MPa	ε_c	ε_p	X_{drx}/%
0.30	33.2	35.3	29.3	0.19	0.23	35.0
0.35	32.5	35.3	29.3	0.19	0.23	46.7
0.40	31.4	35.3	29.3	0.19	0.23	65.0
0.45	31.3	35.3	29.3	0.19	0.23	66.7
0.50	30.0	35.3	29.3	0.19	0.23	88.3
0.55	29.8	35.3	29.3	0.19	0.23	91.7
0.60	29.5	35.3	29.3	0.19	0.23	96.7

对公式（3-22）等式两边取对数，可得

$$\ln\left[-\ln(1-X_{drx})\right] = k_d\ln\left(\frac{\varepsilon-\varepsilon_c}{\varepsilon_p}\right) + \ln\beta_d \qquad (3-24)$$

由上式可得，$\ln\left[-\ln(1-X_{drx})\right]$ 与 $\ln\left[(\varepsilon-\varepsilon_c)/\varepsilon_p\right]$ 呈线性关系，如图 3-18 所示，经过线性拟合，由图可知直线斜率为 k_d，截距为 $\ln\beta_d$，得到 $k_d = 1.4059$，$\beta_d = 1.2477$，并得到 30MnCr22 钢的动态再结晶动力学模型，如式（3-25）所示。

$$X_{drex} = 1 - \exp\left[-1.2477\left(\frac{\varepsilon-\varepsilon_c}{\varepsilon_p}\right)^{1.4059}\right] \qquad (3-25)$$

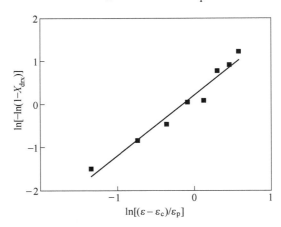

图 3-18　$\ln\left[-\ln(1-X_{drx})\right]$ 和 $\ln\left[(\varepsilon-\varepsilon_c)/\varepsilon_p\right]$ 关系图

晶粒尺寸是微观组织演变研究中重点关注的对象，它对材料最终的力学性能具有决定性作用。当材料完全发生动态再结晶后，一般认为材料的晶粒尺寸是

Zener-Hollomon 参数的幂函数，晶粒尺寸可以由定量金相实验中的直线截点法计算出来。材料的动态再结晶晶粒尺寸模型如下所示[150~154]：

$$d_{drx} = A_2 Z^{n_2} \qquad (3\text{-}26)$$

式中，d_{drx} 为动态再结晶晶粒直径；A_2，n_2 为与材料有关的常数。

对式（3-26）两边取对数，得

$$\ln d_{drx} = n_2 \ln Z + \ln A_2 \qquad (3\text{-}27)$$

表 3-9 为 30MnCr22 钢不同变形条件下的动态再结晶晶粒尺寸，根据表中数据建立 $\ln d_{drx}$ 和 $\ln Z$ 的关系曲线，如图 3-19 所示，经线性回归得到 $A_2 = 163.56$，$n_2 = -0.045$，所以：

$$d_{drx} = 163.56 Z^{-0.045} \qquad (3\text{-}28)$$

表 3-9　30MnCr22 钢不同变形条件下的动态再结晶晶粒尺寸　　　　（μm）

温度/℃	应变速率			
	$0.5s^{-1}$	$2s^{-1}$	$5s^{-1}$	$10s^{-1}$
850	25.2	24.9	24.7	24.5
950	26.9	26.3	25.9	25.5
1100	32.1	32.0	31.4	30.9
1250	50.2	48.9	47.6	46.2

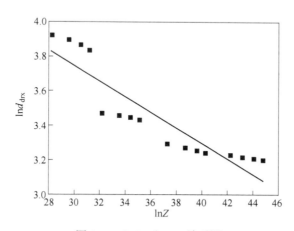

图 3-19　$\ln d_{drx}$ 和 $\ln Z$ 关系图

3.2.3.4　30MnCr22 钢静态再结晶动力学模型的建立

静态再结晶动力学方程一般用 Avrami 方程表示[155~157]：

$$X_{srx} = 1 - \exp[-0.693(t/t_{0.5})]^n \qquad (3\text{-}29)$$

式中，n 为材料常量；X_{srx} 为静态再结晶体积分数；t 为静态再结晶时间，s；$t_{0.5}$ 为静态再结晶体积分数为 0.5 时所对应的时间，s；$t_{0.5}$ 可用如下方程表示[158]：

$$t_{0.5} = a d_0^h \varepsilon^n \dot{\varepsilon}^m \exp[Q_{srx}/(RT)] \qquad (3\text{-}30)$$

式中，d_0 为初始晶粒尺寸，μm；ε 为应变；$\dot{\varepsilon}$ 为应变速率，s^{-1}；Q_{srx} 为静态再结晶激活能，J/mol；R 为摩尔气体常数，8.314J/(mol·K)；T 为热力学温度，K；a，h 和 m 为与材料有关的常量。

将式（3-29）化简为

$$\ln\{\ln[1/(1-X_{srx})]\} = \ln 0.693 + n\ln t - n\ln t_{0.5} \qquad (3\text{-}31)$$

由于 $t_{0.5}$ 和 n 对某一具体的变形参数和材料是定值，取 850℃、950℃ 和 1100℃ 三个变形温度下的参数（由于 1250℃ 时首道次变形程度为 30%，与其他变形温度时首道次变形程度 20% 不一致，故剔除），用 F_s 代替 X_{srx}，建立 $\ln\{\ln[1/(1-F_s)]\}$ 和 $\ln t$ 的关系图，如图 3-20 所示，经回归得到 n 的平均值为 0.3643。

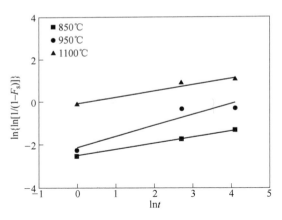

图 3-20　$\ln\{\ln[1/(1-F_s)]\}$ 和 $\ln t$ 的关系图

将式（3-30）化简为

$$\ln t_{0.5} = \ln a + h\ln d_0 + n\ln\varepsilon + m\ln\dot{\varepsilon} + \frac{Q_{srx}}{RT} \qquad (3\text{-}32)$$

通过不同条件下所得的实验数据，做出 $\ln t_{0.5}$ 与 $\ln d_0$、$\ln t_{0.5}$ 与 $\ln\varepsilon$、$\ln t_{0.5}$ 与 $\ln\dot{\varepsilon}$、$\ln t_{0.5}$ 与 $1/T$ 的关系图，然后通过线性回归得出相应的拟合参数，如图 3-21 所示，得到各系数值为 $h = 2.0574$，$n = -1.7608$，$m = -1.4822$，$Q_{srx} = 259.55$kJ/mol，$a = 6.7155 \times 10^{-16}$。

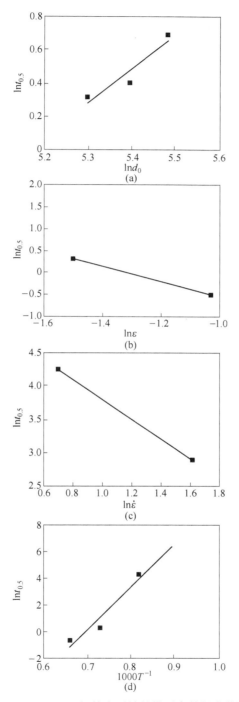

图 3-21　30MnCr22 钢静态再结晶模型参数拟合曲线图

（a）$\ln t_{0.5}$-$\ln d_0$；（b）$\ln t_{0.5}$-$\ln \varepsilon$；（c）$\ln t_{0.5}$-$\ln \dot{\varepsilon}$；（d）$\ln t_{0.5}$-$1/T$

由以上分析得 30MnCr22 静态再结晶动力学方程为

$$X_{srx} = 1 - \exp[-0.693(t/t_{0.5})]^{0.3643} \tag{3-33}$$

$$t_{0.5} = 6.7155 \times 10^{-16} d_0^{2.0574} \varepsilon^{-1.7608} \dot{\varepsilon}^{-1.4822} \exp[2.5955 \times 10^5/(RT)] \tag{3-34}$$

静态再结晶激活能 $Q_{srx} = 259.55 kJ/mol$，要比其动态再结晶激活能（$300.25 kJ/mol$）要小，这也说明同等变形条件下，静态再结晶要比动态再结晶容易，比如在连轧过程中，每道次的变形虽不足以发生动态再结晶，却可以在道次间隙发生静态再结晶。

静态再结晶晶粒尺寸与初始晶粒 d_0、应变 ε 和 Z 参数有关，如下式所示[155~158]：

$$d_{srx} = B d_0^q \varepsilon^r Z^l \tag{3-35}$$

对式（3-35）两边取对数，得

$$\ln d_{srx} = \ln B + q \ln d_0 + r \ln \varepsilon + l \ln Z \tag{3-36}$$

通过不同条件下所得的实验数据，做出 $\ln d_{srx}$ 与 $\ln d_0$，$\ln d_{srx}$ 与 $\ln \varepsilon$，$\ln d_{srx}$ 与 $\ln Z$ 的关系图，然后通过线性回归得出相应的拟合参数，如图 3-22 所示，得到各系数值为 $q = 0.9302$，$r = 0.7004$，$l = -0.0456$，$B = 3.7$，由此可得

$$d_{srx} = 3.7 d_0^{0.9302} \varepsilon^{0.7004} Z^{-0.0456} \tag{3-37}$$

3.2.4　TMCP 条件下 30MnCr22 无缝钢管的再结晶控制

3.2.4.1　穿孔过程的再结晶控制

30MnCr22 钢管实际穿孔温度约为 1250℃，应变速率约为 $2s^{-1}$，根据图 3-3（b）和图 3-6（d）及表 3-4 可知，在此变形条件下发生动态再结晶的峰值应变 ε_p 为 0.22635，根据 $\varepsilon_c \approx 0.83 \varepsilon_p$，临界应变 ε_c 约为 0.19，而钢管穿孔的实际真应变在 1.5 以上，所以此时钢管发生完全的动态再结晶。穿孔的间隙时间约为 60s，穿孔后轧管前间隙时间内将发生充分的亚动态再结晶。所以在 TMCP 条件下，穿孔采用动态再结晶型控制轧制，通过高温大变形，使管坯发生充分的动态再结晶，细化管坯粗大的原始晶粒，软化组织，改善热加工性能。

3.2.4.2　连续轧管过程的再结晶控制

30MnCr22 钢管实际轧管温度约为 1100℃，应变速率约为 $10s^{-1}$，根据图 3-3（d）

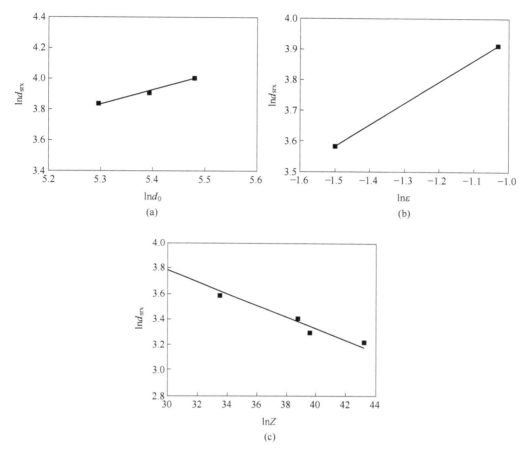

图 3-22 30MnCr22 钢静态再结晶晶粒尺寸参数拟合曲线图

（a）$\ln d_{srx}$-$\ln d_0$；（b）$\ln d_{srx}$-$\ln \varepsilon$；（c）$\ln d_{srx}$-$\ln Z$

和图 3-6（c）及表 3-4 可知，在此变形条件下发生动态再结晶的峰值应变 ε_p 为 0.54107，根据 $\varepsilon_c \approx 0.83 \varepsilon_p$，临界应变 ε_c 约为 0.45，而钢管轧管的每道次的实际真应变在 0.35 以下，加之道次间隙时间较大，为 $0.3 \sim 0.5 s$，很难产生应变累积效应，所以此时钢管不会发生动态再结晶。但是根据图 3-12 和表 3-6，此时钢管在连轧道次间隙和连轧变形后会发生静态再结晶。所以连轧过程采用静态再结晶型控制轧制，尽量采用较高变形温度和较大变形量，连轧后控制冷却减小静态再结晶晶粒的长大。

3.2.4.3 减径过程的再结晶控制

30MnCr22 钢管实际减径温度约为 $850 \sim 950℃$，应变速率约为 $5 s^{-1}$，根

据图 3-3（c）和表 3-4 可知，在此变形条件下发生动态再结晶的峰值应变 ε_p 约为 0.60734 ~ 0.64555，根据 $\varepsilon_c \approx 0.83\varepsilon_p$，临界应变 ε_c 约为 0.50 ~ 0.54。而钢管减径的每道次的实际真应变约为 0.05，只有临界应变的 1/10，所以道次变形不可能实现动态再结晶。减径变形道次间隙时间较小，为 0.1 ~ 0.2s，根据图 3-13 和表 3-7，也不会发生静态再结晶，但是可以产生应变累积效应。如果减径总变形足够大，道次足够多，多道次应变累积到动态再结晶临界应变 ε_c，仍然有可能发生动态再结晶。所以 30MnCr22 无缝钢管减径的再结晶控制可以采取两种策略：一种是再结晶型控制轧制，一种是未再结晶型控制轧制。如果减径总变形足够大，可以考虑通过多道次应变累积实现动态再结晶型控制轧制细化晶粒。但是如果减径总变形不够大，则采用未再结晶型控制轧制，通过道次变形累积储存能，增加位错、形变带，可以极大地诱发冷却过程中奥氏体向铁素体、贝氏体或马氏体转变的形核，形变奥氏体直接转变为细小的晶粒。研究理论表明，未再结晶型控制轧制比再结晶型控制轧制能获得更细的组织和更强韧的力学性能[32]，因此在 TMCP 生产中建议采用较低的终轧温度实现未再结晶型控制轧制。不过不管采用何种控制策略，都必须进行轧后的快速（超快）冷却，才能使细化的晶粒保持到室温，保证最终力学性能，特别是高强韧性。

3.3　P91 钢的高温再结晶行为

3.3.1　变形条件对 P91 钢动态再结晶的影响

Gleeble-1500D 热模拟实验机上测得 P91 钢的真应力-真应变曲线如图 3-23 所示，表 3-10 和表 3-11 为不同变形条件下的峰值应力 R_p 与峰值应变 ε_p。由图 3-23 和表 3-10 可知，P91 钢因含有较多的合金元素，其高温变形抗力比 30MnCr22 高很多。P91 钢在热加工过程中发生了动态再结晶，变形温度越高，应力速率越小，峰值应力 R_p 越小，动态再结晶造成的金属软化越明显，如图 3-24 所示。峰值应变 ε_p 随着变形温度的升高和应变速率的下降，总体来讲在下降，如图 3-25 所示，说明变形温度越高，应变速率越小，发生动态再结晶的临界应变越小，越容易发生动态再结晶。但是，在较低变形温度 1050℃下，随着应变速率的升高，也出现了大变形速率下峰值应变 ε_p 下降的情况，如图 3-25（b）所示。比如应变速率 5s^{-1} 时峰值应变 ε_p 为 0.40752，比应变速率 2s^{-1} 时的 0.48734 低，见表 3-11。

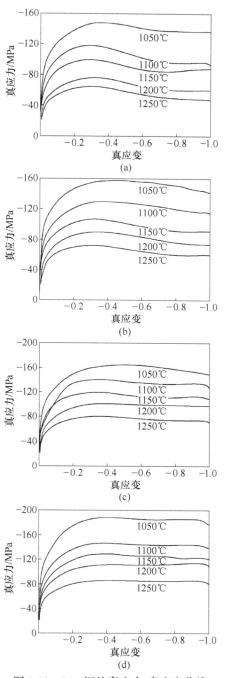

图 3-23　P91 钢的真应力-真应变曲线

（a）应变速率为 0.5s⁻¹；（b）应变速率为 1s⁻¹；（c）应变速率为 2s⁻¹；（d）应变速率为 5s⁻¹

扫一扫
查看彩图

表 3-10   P91 钢不同变形条件下的峰值应力 R_p   （MPa）

温度/℃	应变速率			
	$0.5s^{-1}$	$1s^{-1}$	$2s^{-1}$	$5s^{-1}$
1050	147.010	158.910	161.910	188.400
1100	118.110	128.840	140.190	144.560
1150	99.676	104.130	118.537	126.252
1200	75.280	88.209	100.438	109.620
1250	63.110	70.610	79.810	83.100

表 3-11   P91 钢不同变形条件下峰值应变 ε_p

温度/℃	应变速率			
	$0.5s^{-1}$	$1s^{-1}$	$2s^{-1}$	$5s^{-1}$
1050	0.35826	0.43599	0.48734	0.40752
1100	0.30060	0.37061	0.38255	0.38307
1150	0.29079	0.32825	0.36104	0.37937
1200	0.28752	0.31635	0.35396	0.37694
1250	0.28055	0.30144	0.32523	0.37423

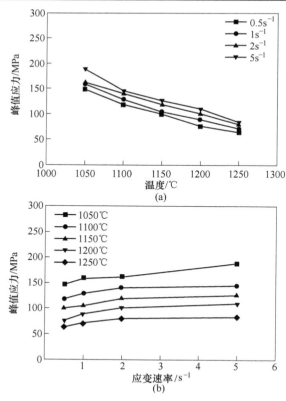

图 3-24   P91 钢峰值应力 R_p 随变形温度和应变速率的变化

（a）变形温度；（b）应变速率

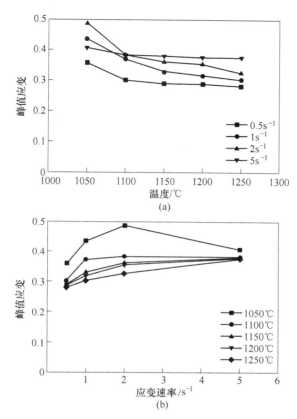

图 3-25　P91 钢峰值应变 ε_p 随变形温度和应变速率的变化

（a）变形温度；（b）应变速率

3.3.2　变形条件对 P91 钢静态再结晶的影响

　　由于变形温度、道次间隙时间、变形程度和应变速率等参数对 P91 钢静态再结晶的影响规律与 30MnCr22 钢相似，所以这里不再赘述。下面主要针对穿孔、连轧和定径不同阶段，变形条件对 P91 钢静态再结晶的影响进行有针对性的分析。

　　图 3-26 为模拟穿孔、连轧和定径变形的双道次真应力-真应变图，由图 3-26（a）可知，由于穿孔变形温度高（1250℃）、变形程度大（变形量为 70%），穿孔过程发生了动态再结晶。穿孔后间隙时间长（50s），所以穿孔后发生了几乎完全的亚动态再结晶，再结晶体积分数 X_{srx} 为 0.96，见表 3-12。对比图 3-26（b）和（c），当连轧间隙时间为 1s 时，没有发生静态再结晶，当连轧间隙时间增加到 50s 时，发生了部分静态再结晶，静态再结晶体积分数 X_{srx} 为 0.36。当 1050℃

进行定径变形时，由于变形温度低、道次间隙时间短，则无法发生静态再结晶，如图3-26（d）所示。对比表 3-5 和表 3-10 可知，在同等变形条件下，和 30MnCr22 钢相比，P91 钢因有高的合金含量，更不易发生静态再结晶，30MnCr22 钢在连轧道次间隙时间就可以发生部分静态再结晶，而 P91 钢只有在连轧后较长的间隙时间内才发生了部分静态再结晶。

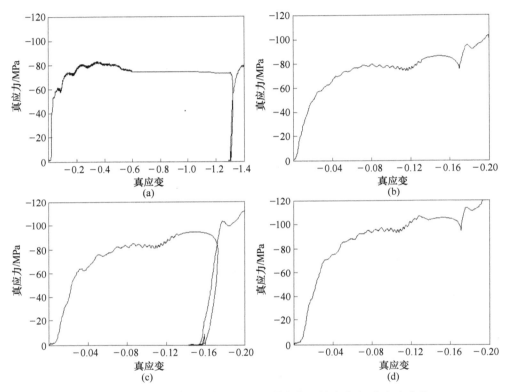

图 3-26   P91 钢不同变形条件下的双道次热压缩真应力-真应变曲线

(a) 1250℃，50s；(b) 1150℃，1s；(c) 1150℃，50s；(d) 1050℃，2s

表 3-12   P91 钢不同变形条件下的静态再结晶软化率（F_s）和体积分数（X_{srx}）

变形温度/℃	变形程度 ε/%	间隙时间/s	σ_1/MPa	σ_2/MPa	σ_m/MPa	F_s	X_{srx}
1250	70	50	36	37	73	0.97	0.96
1150	15	1	49	87	92	0.12	0
1150	15	50	49	71	92	0.49	0.36
1050	15	2	53	102	107	0.09	0

3.3.3 P91 钢高温流变应力数学模型的建立

根据 Gleeble-1500D 热模拟实验机上取得的 P91 高温流变应力数据，采用和 30MnCr22 流变应力数学模型回归的相同处理方法，最后得到 P91 的动态再结晶激活能为 543.52kJ/mol，这要比 30MnCr22 高很多，说明在同等变形条件 P91 发生动态再结晶要比 30MnCr22 难。通过线性回归方法得到系数 $A = 1.60 \times 10^{19}$，$\alpha = 0.010$，$n = 5.73$，用 Arrhenius 关系表示的流变应力为

$$\dot{\varepsilon} = 1.60 \times 10^{19} \left[\sinh(0.010\sigma) \right]^{5.73} \exp\left[-5.4352 \times 10^5/(RT) \right] \quad (3\text{-}38)$$

Z 参数表示为

$$Z = \dot{\varepsilon}\exp\left[5.4352 \times 10^5/(RT) \right] \quad (3\text{-}39)$$

3.3.4 TMCP 条件下 P91 无缝钢管的再结晶控制

3.3.4.1 穿孔过程的再结晶控制

P91 钢管实际穿孔温度约为 1250℃，应变速率约为 2s^{-1}，根据图 3-21（c）和表 3-11 可知，在此变形条件下发生动态再结晶的峰值应变 ε_p 为 0.32523，根据 $\varepsilon_c \approx 0.83\varepsilon_p$，临界应变 ε_c 约为 0.27，远高于 30MnCr22 的临界应变（0.19），而 P91 钢管穿孔的实际真应变在 1.3 以上，所以此时钢管发生完全的动态再结晶。根据图 3-26（a），在穿孔后轧管前间隙时间内钢管将会发生充分的亚动态再结晶。动态再结晶将使穿孔后的组织产生明显的晶粒细化，同时将使坯料组织得到软化，降低变形抗力，提高塑性，改善坯料在随后的连轧、定径过程的热加工性能，这对于高变形抗力的 P91 钢来说非常重要。P91 钢管常采用锻造管坯，原始晶粒比较细小，此时改善热加工性能成为其再结晶型控制轧制的主要任务。

3.3.4.2 连续轧管过程的再结晶控制

P91 钢管实际轧管温度约为 1100℃，应变速率约为 5s^{-1}，根据图 3-21（d）和表 3-11 可知，在此变形条件下发生动态再结晶的峰值应变 ε_p 为 0.38307，根据 $\varepsilon_c \approx 0.83\varepsilon_p$，临界应变 ε_c 约为 0.32，而轧管每道次的实际真应变在 0.20 以下，加之道次间隙时间大，约为 1.0s，很难产生应变累积效应，所以此时钢管不会发生动态再结晶。根据图 3-26（b）、（c）和表 3-12 可知，连轧道次变形程度小、间隙时间短，道次间隙也很难发生静态再结晶，只是在连轧后较长的间隙时间内才发生了部分静态再结晶。所以其连轧过程可采用静态再结晶控制轧制，并在连轧后控制冷却，抑制静态再结晶晶粒长大，同时保持未再结晶形变奥氏体的强化、硬化状态。

3.3.4.3   定径过程的再结晶控制

P91 钢管实际定径温度为 1000～1050℃，应变速率约为 $2s^{-1}$，根据图 3-21（c）和表 3-9 可知，在此变形条件下发生动态再结晶的峰值应变 ε_p 为 0.48734，根据 $\varepsilon_c \approx 0.83\varepsilon_p$，临界应变 ε_c 约为 0.40。而定径的每道次的实际真应变在 0.02 以下，只有临界应变的 1/20，所以道次变形不可能实现动态再结晶。同时，定径变形道次间隙时间较长，约为 2s，不可能通过应变累积产生动态再结晶。另外定径变形程度小，也无法发生静态再结晶〔见图 3-26（d）和表 3-12〕。所以 P91 钢管定径可以采取未再结晶型控制轧制，通过道次变形累积储存能，增加位错和形变带，可以极大地诱发冷却过程中奥氏体向马氏体转变的形核。同时定径后通过控制冷却，奥氏体向马氏体转变在可控制的条件下发生，得到细化、强韧的室温组织。

3.4   本 章 小 结

（1）在 Gleeble-1500D 热模拟实验机上分别采用单道次和双道次热压缩实验测定了典型低合金钢 30MnCr22 和高合金钢 P91 的高温流变应力和静态再结晶软化真应力-真应变曲线，研究了两种材料的高温再结晶行为，回归了两种材料的高温流变应力-应变本构关系和 30MnCr22 钢的静态再结晶动力学方程。在此基础上，分析了两种材料在穿孔、连轧和定（减）径过程中的动态、静态再结晶规律，提出了相应的控制轧制策略。

（2）总体来说，随着变形温度的升高和应变速率的下降，P91 钢和 30MnCr22 钢都更容易发生动态再结晶。但是在较低变形温度下，高应变速率却很可能促进动态再结晶。随着变形温度的升高、道次间隙时间的延长、变形程度的加大和应变速率的加快，30MnCr22 钢静态再结晶体积分数增加，更容易发生静态再结晶。

（3）P91 钢的高温变形抗力比 30MnCr22 钢高，在同等变形条件下 P91 钢发生动态再结晶和静态再结晶都比 30MnCr22 钢难。

（4）30MnCr22 钢管实际穿孔的真应变在 1.5 以上，远大于发生动态再结晶的临界应变 0.19，所以管坯会发生完全的动态再结晶，穿孔后的间隙时间长达 60s，穿孔后将发生充分的亚动态再结晶。P91 钢管实际穿孔的真应变在 1.3 以上，远大于发生动态再结晶的临界应变 0.27，所以管坯会发生完全的动态再结晶，并在穿孔后较长的间隙时间内发生充分的亚动态再结晶。因此，30MnCr22 钢和 P91 钢管穿孔均可采用动态再结晶型控制轧制。

（5）30MnCr22 钢实际连续轧管时发生动态再结晶的临界应变约为 0.47，而其连续轧管每道次的真应变在 0.35 以下，所以钢管不会发生动态再结晶。但是，30MnCr22 钢管的静态再结晶激活能相对较低，在连轧道次间隙和连轧变形后都会发生静态再结晶。P91 钢实际连续轧管时发生动态再结晶的临界应变约为 0.32，而其实际轧管时每道次的真应变在 0.20 以下，钢管不会发生动态再结晶，道次间隙也很难发生静态再结晶，只是在连轧后较长的间隙时间内才发生了静态再结晶。所以 30MnCr22 钢和 P91 钢管的连续轧管过程均可采用静态再结晶型控制轧制。

（6）30MnCr22 钢管实际减径时发生动态再结晶的临界应变为 0.50~0.54，而钢管减径的每道次的真应变只有约 0.05，所以道次变形不可能实现动态再结晶，也不会发生静态再结晶。但是减径道次间隙时间短，可以产生应变累积效应。根据应变累积效果可以实现动态再结晶型控制轧制或未再结晶型控制轧制。为获得更细的组织和更强韧的性能，TMCP 生产中建议采用未再结晶型控制轧制。P91 钢管实际定径时发生动态再结晶的临界应变约为 0.40，而定径的每道次的真应变在 0.02 以下，所以道次变形不可能实现动态、静态再结晶。因此，P91 钢管定径采用未再结晶型控制轧制。

4 无缝钢管 TMCP 控制
冷却的传热与相变机理

钢管的控制轧制通过再结晶和应变累积实现了形变奥氏体的细化、强化，也为后续通过控制冷却实现形变诱导相变提供了必要的组织保障，而控制冷却则是实现最终组织细化、强化的关键。要想实现控制冷却条件下的形变诱导相变和相变强化，了解和把握钢管在控制冷却过程中的传热机理和冷却过程中奥氏体的动态相变规律以及相变强化机制至关重要，这是正确设置在线冷却装置的工艺参数和对冷却过程实施精准控制的前提，也是合理制定轧制变形工艺和轧后冷却工艺以及有效利用超快冷却条件下的形变诱导相变实现管材强韧化目的的重要基础。

4.1 无缝钢管控制冷却传热

无缝钢管精准在线控制冷却的核心是获取复杂冷却传热过程的界面换热相关参数，为建立传热、冷却速度和相变的定量关系提供准确的边界条件，从而通过理论计算确定控制冷却的工艺参数。为此，本研究按照与生产实际完全相同的工件尺寸和冷却条件建立全尺寸钢管控制冷却物理模拟实验平台，并基于实验和反传热计算方法，对不同水量、气量和不同钢管表面温度条件下的界面换热问题进行研究。

4.1.1 无缝钢管控制冷却传热研究方案

4.1.1.1 建立无缝钢管控制冷却传热物理模拟实验平台

为了进行无缝钢管控制冷却传热物理模拟，需要建立专门的实验平台。本研究采用与生产实际工件尺寸和冷却条件完全相同的全尺寸模型，建立了无缝钢管控制冷却传热物理模拟实验平台（见图 4-1），可以实现水雾、气雾不同冷却方式冷却和不同冷却水量、气量的组合，并对冷却过程中的钢管温度、水温、水量、气量、水压和气压进行监测和控制。该实验平台还可以进行钢管以外其他钢材的控制冷却物理模拟和板坯二冷区冷却传热物理模拟。

该无缝钢管控制冷却传热物理模拟实验平台由以下部分组成。

（1）喷淋系统：采用水雾和气雾两种喷淋方式，能根据不同产品的要求，以不同形式的喷嘴及其排列方式提供不同的喷淋流量和压力条件，如图 4-2 所示。

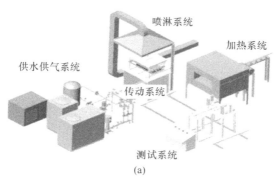

(a)

(b)

图 4-1 冷却传热物理模拟实验平台

（a）示意图；（b）现场图

扫一扫
查看彩图

图 4-2 喷淋系统

扫一扫
查看彩图

（2）测试系统：由检测和控制两部分组成，可对包括工件温度、水温、水压、气压、水流量和气流量等参数进行检测与控制。

（3）加热系统：由中频电源和电阻加热炉体组成，可把板坯或其他实验钢材加热到指定温度。

（4）供水供气系统：配备独立的供水供气系统，可以实现水雾和气雾两种方式冷却。

（5）传动系统：可模拟连铸坯和钢材的运行状况，模拟连铸和钢材控制冷却动态喷淋和传热过程。

该无缝钢管控制冷却传热物理模拟实验平台主要技术参数范围如下：

（1）供水压力，0~1.0MPa；

（2）供水流量，0~30t/h；

（3）水温，15~45℃；

（4）供气压力，0~0.5MPa；

（5）供气流量，0~360m³/h；

（6）加热温度，最高 1500℃；

（7）热电偶测量温度范围，0~1600℃；

（8）温度同步采集频率，1~5Hz。

4.1.1.2 无缝钢管控制冷却实验方案

将尺寸为 ϕ139.7mm（外径）×9.17mm（壁厚）×80mm（长度）的 30MnCr22 热轧钢管（化学成分见表 4-1）等分成 120°的瓦形，在钢管内壁加工孔径 ϕ8mm、孔深 6.67mm 的盲孔（距外表面 2.5mm），将直径 ϕ8mm 的铠装热电偶插入孔中，并用焊接在试样上的专用热电偶固定螺母将热电偶固定，热电偶线与控制系统的温度记录端口连接。将试样放置到中频电阻加热炉中加热到 900℃，保温 30min 后用专用夹具取出，放置在物理模拟实验平台上进行水雾、气雾控制冷却实验，如图 4-3 所示。

表 4-1　热轧态 30MnCr22 试样的化学成分　　　（质量分数，%）

C	Si	Mn	P	S	Cr	Mo
0.28	0.28	1.35	0.015	0.006	0.15	0.05

实验条件如下：水雾冷却采用江苏博际扁平型水雾化喷嘴，型号为 3/8PZ78110B1，总水量取 5m³/h（水压为 0.3MPa）。气雾冷却采用江苏博际扁平型气水雾化喷嘴，型号为 HPZ5.0-120B5，总水量分别取 5m³/h（水压为 0.3MPa）、8m³/h（水压为 0.5MPa）和 13m³/h（水压为 0.8MPa），总水量 5m³/h 时压缩空气压力取 0.2MPa，总水量 8m³/h 时压缩空气压力分别取 0.2MPa 和 0.3MPa，总水量 13m³/h 时压缩空气压力取 0.3MPa。因为实验平台一共有 12

个喷嘴，而钢管控制冷却实验只用其中一个喷嘴，所以试样实际的冷却水流量为7.1L/min，11.4L/min 和 18L/min。

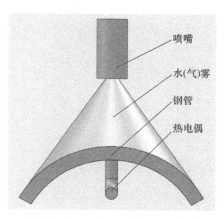

图 4-3 钢管控制冷却实验示意图

扫一扫
查看彩图

4.1.1.3 无缝钢管控制冷却界面换热系数的计算

无缝钢管控制冷却条件下界面换热系数的确定是一个复杂的问题。本研究基于无缝钢管控制冷却传热反问题，建立与实际工况相符合的冷却传热数学模型，利用热平衡法建立钢管壁厚方向上各点的一维差分方程，引入泛函和灵敏度系数，通过牛顿迭代法优化假设初始值得到边界条件，利用 Fortran 编程实现了反算过程，并通过有限元正算法验证了该传热反问题算法的准确性，为钢管控制冷却界面换热系数的获得提供了可靠的保证。

反算过程是通过将某节点处实验测得的温度值与假设已知边界条件后计算得到的温度值进行比较，当两者差值最小时认为此时的边界条件假设值即为真实的边界条件，该过程通过引入泛函来实现。

建立泛函如下：

$$J(q) = [T_i^m - T_i^c(q)]^2 \tag{4-1}$$

式中，T_i^m 为 $i(i = 1, 2, \cdots, n)$ 时刻测温点的温度测量值；$T_i^c(q)$ 为 $i(i = 1, 2, \cdots, n)$ 时刻测温点的温度计算值，当泛函 $J(q)$ 值最小时，q 与真实值近似。

将式 (4-1) 对 q 求导并令导数等于零得

$$J'(q) = [T_i^m - T_i^c(q)]X = 0 \tag{4-2}$$

式中，X 为灵敏度系数，可用下式近似计算：

$$X = \frac{\partial}{\partial q}[T_i^c(q)] \approx \frac{T_i^c(q + \delta q) - T_i^c(q)}{\delta q} \tag{4-3}$$

令 $J'(q) = f(q)$，采用 Newton 迭代法求解该非线性方程：

$$f'(q) = -\left\{\frac{\partial}{\partial q}\left[T_i^c(q)\right]\right\}^2 \tag{4-4}$$

$$q_1 = q_0 - \frac{f(q_0)}{f'(q_0)} \tag{4-5}$$

如果满足收敛判据（$\varepsilon = 0.0001$）：

$$\left|\frac{q_1 - q_0}{q_1}\right| < \varepsilon \tag{4-6}$$

则输出结果，表明当前时刻的界面换热系数计算完毕，进行下一时刻计算。

4.1.2　无缝钢管控制冷却条件下的界面换热机理

在钢管控制冷却传热物理模拟实验平台上，按图 4-3 所示的实验方案，采用表 4-2 所示的两种冷却条件对 30MnCr22 油井管钢管试样分别进行水雾和气雾控制冷却传热实验。在钢管控制冷却传热物理模拟实验平台上热电偶实测的钢管试样在两种冷却下温度随时间变化的曲线如图 4-4 所示。结果表明在同样水量的前提下，气雾冷却效果更强。气雾冷却能力强的主要原因是其由于压缩空气的作用，水滴更小，冲击力更强，更有利于冲破蒸汽膜，提高钢管表面的换热系数。

表 4-2　钢管水雾和气雾控制冷却条件

条件	水流量 /L·min^{-1}	水流密度 /L·(m^2·s)$^{-1}$	压缩空气流量 /m^3·h^{-1}	压缩空气压力 /MPa	气水混合比
水雾	7	10	0	0	0
气雾	7	10	4.75	0.2	11.41

在此基础上，又以表 4-3 所示的三种气雾冷却条件在钢管控制冷却传热物理模拟实验平台上进行了气雾控制冷却实验。热电偶实测的钢管试样在三种不同控制冷却下温度随时间变化的曲线如图 4-5（a）所示，反传热法计算所得的钢管外表面温度随时间变化的曲线如图 4-5（b）所示。由于热电偶距离钢管外表面 2.5mm，所在

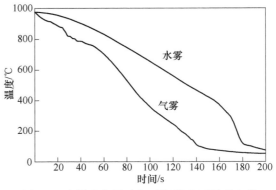

图 4-4　水雾和气雾冷却时钢管表面温度变化

位置的温度变化滞后于表面，所以实测曲线略滞后于计算曲线情况，但实测和计

算曲线的变化趋势基本相同，都可用于反映不同冷却条件下的冷却效果。

表4-3 钢管气雾控制冷却条件

条件	水流量 /L·min^{-1}	水流密度 /L·(m^2·s)$^{-1}$	压缩空气流量 /m^3·h^{-1}	压缩空气压力 /MPa	气水混合比
1	11	16	4.75	0.2	6.94
2	11	16	8.75	0.3	12.79
3	18	26	6.70	0.3	6.20

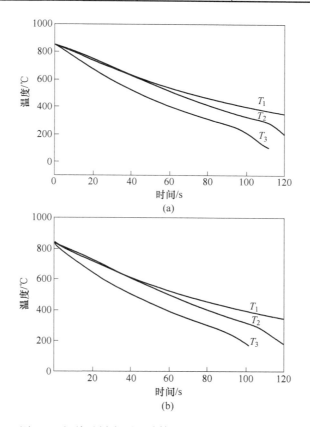

图4-5 钢管试样实测和计算温度随时间变化的曲线
(a) 实测温度；(b) 计算温度

对比冷却条件 2 和冷却条件 1 下的温度随时间变化的曲线，可见在水量均为 11L/min，水流密度均为 16L/(m^2·s)，而压缩空气压力由 0.2MPa 增加到 0.3MPa 时，冷却条件 2 的整体冷却效果要略强，平均冷却速度从 4.2℃/s 增加到了 5.4℃/s。但是，在冷却初期 30s（对应的钢管表面温度在 600℃以上），冷却条件 2 的冷却效果却不及冷却条件 1。上述结果表明，尽管当压缩空气压力从

0.2MPa 增加到 0.3MPa 时，每个喷嘴的压缩空气流量从 4.75m³/h 增加到了 8.75m³/h，喷嘴的气水混合比（体积比）从 6.94 增大到了 12.79，冷却条件得以加强，但钢管试样的冷却效果并非随之同步提高。原因在于，在冷却初期，钢管试样表面温度大于 600℃，处于稳定膜态沸腾传热阶段，雾滴在表面呈不润湿状态，雾滴达到钢管表面破裂流失，此时表面温度升高，在表面上形成一层阻止雾滴与钢管表面接触的蒸汽膜，且随温度升高趋向稳定，此时过大的压缩空气压力和流量反而不利于形成致密的、穿透能力强的雾滴群，造成了大量气雾的流失和实际传热效率的下降。而到了冷却后期，由于蒸汽膜的作用减弱，此时较大的压缩空气压力和流量才有利于发挥细化雾滴、提高传热效率的作用，冷却效果才会变得更强。因此，并非压缩空气压力越大，冷却效果越好，合适的气水混合比对冷却效果的影响更加关键，这从冷却条件 3 与冷却条件 1 的传热效果对比中可以得到验证。在冷却条件 3 中，由于保持了较好的气水混合比（值为 6.20），则当冷却水量和压缩空气压力同步增大时（冷却水量从 11L/min 提高到 18L/min，水流密度达到 26L/(m² · s)；压缩空气压力从 0.2MPa 提高到 0.3MPa），冷却效果相对于冷却条件 1 明显提高，平均冷却速度从 4.2℃/s 增加到了 6.7℃/s。通过对三种冷却条件下冷却效果的对比分析，发现冷却条件 1 和冷却条件 3 的气水混合较为合适，其值为 6~7。

图 4-6（a）和（b）分别为热流密度和换热系数随时间的变化情况。总体来说，随着冷却水量和压缩空气压力的增加，冷却效果增强，对应的热流密度和换热系数也随之增大。对于冷却条件 2，在初始冷却阶段（稳定膜态沸腾传热阶段），由于压缩空气压力增大造成大量气雾的流失，其热流密度和换热系数反而不及冷却条件 1，只到冷却后期，由于蒸汽膜的作用减弱，压缩空气压力增大才发挥作用，此时热流密度和换热系数才开始大于冷却条件 1。热流密度随冷却时间的增加，先是增大，然后减小，对于冷却条件 2 和 3，在冷却后期又增大，平均值约为 0.2~0.3MW/m²。换热系数随冷却时间的增加，先是增加，在约 30s 后基本保持稳定，其值约为 400~800W/(m² · ℃)，对于冷却条件 2 和 3，在冷却后期又迅速增大。冷却后期热流密度和换热系数的迅速增大，主要是由于冷却后期钢管表面温度已经低于 300℃，雾滴在钢管表面呈润湿状态，构成过渡态沸腾传热过程，冷却换热效率大大提高。

图 4-7（a）和（b）分别为热流密度和换热系数随温差 ΔT（钢管表面和冷却水的温度差）变化的情况，其变化趋势与图 4-6 相似。热流密度随着 ΔT 的下降先是增加，在 ΔT 约为 600℃ 时值出现极大值，然后下降，在 ΔT 约为 300℃ 时值出现极小值，之后又开始增加。而换热系数总体随 ΔT 的下降而升高，具体体现为以下三个阶段，每个阶段具有不同的换热机理。

（1）高温膜态沸腾阶段（温度为 550~850℃）：温度高于 Leidenfrost 点，处于

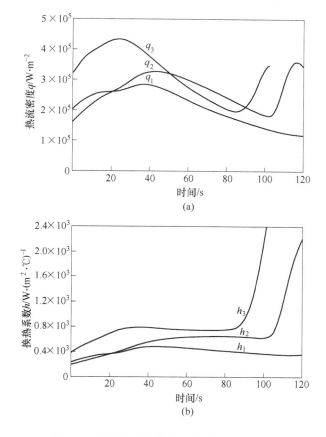

图 4-6 热流密度和换热系数随时间的变化
（a）热流密度；（b）换热系数

稳定膜态沸腾传热阶段，钢管表面聚集着一层阻止雾滴与表面接触的蒸汽膜，初始（ΔT 约为 850℃）换热系数较小，只有约 200~400W/（m²·℃），换热系数随 ΔT 的下降缓慢增加，说明随着温度的下降表面润湿条件改善，传热效率提高；

（2）中温稳定阶段（温度约为 300~550℃），换热系数在 550℃后基本维持稳定，其值为 400~800W/（m²·℃），此时表面润湿条件随温度变化基本维持不变；

（3）低温过渡态沸腾阶段（温度在 300℃以下）：在 300℃后构成过渡态沸腾传热过程，随着表面润湿条件的改善，蒸汽膜逐渐消失，冷却水雾和钢管表面直接接触换热，换热系数迅速增加，到 200℃时可达 1200~1800W/（m²·℃）。

4.1.3 无缝钢管控制冷却条件下界面换热系数的验证

对于通过反传热法计算所得的钢管控制冷却条件下的换热系数，需要进行进

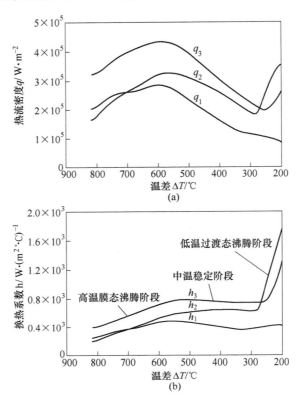

图 4-7　热流密度和换热系数随温差的变化

（a）热流密度；（b）换热系数

一步验证其准确性，才能真正应用于钢管实际控制冷却条件下的换热系数的计算确定。为此，利用有限元方法（图 4-8 为计算所用的二维有限元模型），初始条件取钢管冷却开始温度，并以反传热法计算所得的三种控制冷却条件下的换热系

图 4-8　钢管控制冷却传热有限元模型

扫一扫
查看彩图

数作为钢管外表面的边界条件，正算钢管的冷却传热过程，得到钢管距外表2.5mm 处的冷却曲线，并和控制冷却实验热电偶所测温度进行对比，如图 4-9 所示。从图中可以看出，无论是在哪种冷却条件下，数值模拟计算的冷却曲线和热电偶实测冷却曲线非常接近，最大误差不足 30℃，说明通过反传热法计算所得的钢管控制冷却的界面换热系数是可靠的。

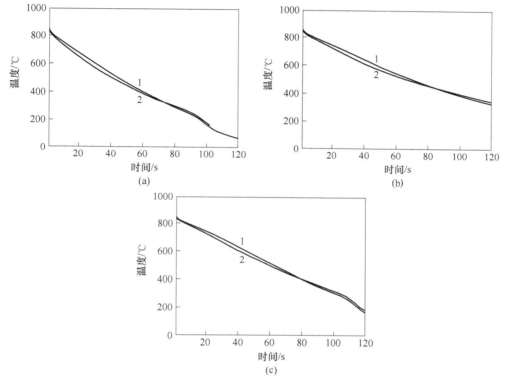

图 4-9　钢管冷却曲线（图中 1 为实测值，2 为计算值）
（a）冷却条件 1；（b）冷却条件 2；（c）冷却条件 3

4.1.4　无缝钢管控制冷却条件下的微观组织

图 4-10 分别为 30MnCr22 钢管热轧态以及三种控制冷却条件下冷却后的微观组织。从图 4-10（a）可知，30MnCr22 钢管热轧态为铁素体+珠光体组织，从图 4-10（b）~（d）可知，钢管控制冷却条件下的组织为淬火板条马氏体，而且随着冷却效果的提高，马氏体组织更加细小。尤其是在冷却条件 3 下，马氏体组织不仅细小，而且还可以看到一些细小的析出物，这是 30MnCr22 中所含有的 Cr、Mo等合金元素在较快的冷却速度下析出的碳氮化物，这些碳氮化物的微细、弥散析出，可以进一步强化基体，提高钢管的综合力学性能。

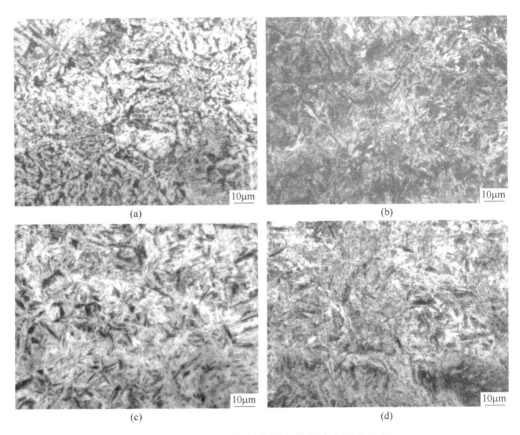

图 4-10　30MnCr22 钢管热轧和控制冷却微观组织

（a）热轧；（b）冷却条件 1；（c）冷却条件 2；（d）冷却条件 3

  表 4-4 为 30MnCr22 钢管试样在三种控制冷却条件下冷却后的硬度。从表中也可以看出，随着冷却效果的加强，钢管的硬度增加，那么其对应的强度也会随之增加。钢管控制冷却条件下的组织和性能分析结果验证了将气雾冷却作为控制冷却的技术方式是可行的。同时，应尝试提高水压和气压，特别是突破高温稳定膜态沸腾传热阶段的蒸汽膜，实现钢管超快冷却，这样有可能进一步细化板条马氏体，促进金属中更多的碳氮化物弥散析出，从而产生更佳的强化效果。

表 4-4　30MnCr22 钢管试样控制冷却条件下的硬度

条件	实测硬度（HRC）	平均硬度（HRC）
1	44. 5/43. 5/45. 5	44. 5
2	47. 5/48. 0/46. 5	47. 3
3	49. 5/50. 0/49. 0	49. 5

4.2 无缝钢管动态冷却相变

无缝钢管控制冷却过程的相变受轧制组织状态、冷却条件等因素的综合影响，因此，要想实现无缝钢管在线控制冷却的目的，必须了解金属形变奥氏体的动态冷却相变机理，分析形变和冷却速度对相变的影响规律，用以指导在线控制冷却速度的确定。下面采用 Gleeble-1500D 热模拟实验机测定实验钢的形变奥氏体连续冷却转变曲线（动态 CCT 曲线），通过对 30MnCr22 和 P91 两钢种形变奥氏体连续冷却转变规律的研究，系统地研究实验钢形变奥氏体在连续冷却过程中的相变动力学机理及不同热变形条件下的奥氏体冷却转变规律，探索形变、相变之间的相互作用机理，明确基于无缝钢管 TMCP 的相变控制机理，为这两种成分的无缝钢管的在线冷却相变控制提供理论依据。

4.2.1 无缝钢管动态冷却相变研究方案

4.2.1.1 30MnCr22 钢动态冷却相变研究方案

真空条件下在 Gleeble-1500D 热模拟实验机上，将从 30MnCr22 热轧态钢管（化学成分见表 4-1）上取得的 $\phi6mm \times 90mm$ 的动态相变测试试样以 20℃/min（30~650℃）和 2℃/min（650~900℃）的升温速率两段升温至 900℃保温 30min 进行奥氏体化，然后以 2℃/min 的冷却速度降至 800℃和 850℃的现场减径终轧温度进行变形，800℃变形时的真应变分别取 0.15 和 0.25，850℃时的真应变取 0.25（与钢管减径的总变形等效），两变形温度下进行变形的试样均在变形结束后分别以 0.5℃/s、3℃/s、6℃/s、15℃/s、25℃/s、35℃/s 和 55℃/s 的冷却速度冷却至室温。用膨胀仪测定不同变形条件（不同变形温度和变形程度）和冷却速度下的热膨胀曲线，绘制形变奥氏体连续冷却转变曲线并确定动态相变点。将不同冷却速率下的试样沿横截面剖开，经研磨、抛光及硝酸酒精水溶液腐蚀，采用蔡司金相显微镜观察微观组织，分析变形温度、变形程度和冷却速度对形变奥氏体转变、晶粒演变的影响规律，确定在线热处理冷却速度和微观组织的对应关系。

4.2.1.2 P91 钢动态冷却相变研究方案

真空条件下在 Gleeble-1500D 热模拟实验机上，将从 P91 热轧态钢管（化学成分见表 4-5）上取得的 $\phi6mm \times 90mm$ 的动态相变测试试样进行奥氏体化，设定升温速率分别为 20℃/min（30~650℃）和 2℃/min（650~1060℃），在 1060℃保温 30min，然后以 2℃/min 的冷却速度降至 1040℃和 990℃的现场定径终轧温度。

在 1040℃ 分别进行真应变为 0（相当于不变形）和 0.2（与定径的总变形等效）的压缩变形，在 990℃ 只进行真应变 0.2 的压缩变形，随后将所有变形结束的试样均分别以 0.2℃/s、0.5℃/s、1.0℃/s 和 2.0℃/s 的冷却速度冷却至室温。采用膨胀仪测定不同变形条件（变形与不变形以及不同温度下变形）和冷却速度下的热膨胀曲线，并确定马氏体相变点 M_s。为了提高精度、减小误差，每种条件下测试三次，求 M_s 点平均值。将不同冷却速率下的试样沿横截面剖开，经研磨、抛光及三氯化铁盐酸水溶液腐蚀，用扫描电镜（型号为 ZEISS Supra55）观察微观组织演变规律，分析变形程度、变形温度和冷却速度对形变奥氏体向马氏体转变的影响规律，确定在线热处理冷却速度和微观组织的对应关系。

表 4-5　热轧态 P91 试样的化学成分　　　　（质量分数，%）

C	Si	Mn	P	S	Cr	Mo	V	Nb	N	Ni	Al
0.09	0.34	0.44	0.013	0.005	9.00	0.94	0.20	0.07	0.05	0.20	0.10

4.2.2　30MnCr22 钢动态冷却相变分析

图 4-11 所示为 30MnCr22 钢经不同条件的减径变形后，形变奥氏体的连续冷却转变曲线，反映了轧制组织状态对相变的影响情况。

比较图 4-11（a）和（b）可知，同为 800℃ 减径变形的金属，当减径等效应变为 0.15 时，其马氏体相变开始温度（M_s）为 330℃，冷却速度 0.5℃/s 时的铁素体相变开始温度（F_s）为 715℃，而当减径等效应变增加到 0.25 时，M_s 为 340℃，冷却速度 0.5℃/s 时的 F_s 为 737℃，可见随着减径等效应变的提高，M_s 和 F_s 均相应提高。这是因为增加变形程度，会增加形变位错和形变带，增加相变形核点而促进了相变形核。比较图 4-11（b）和（c）可知，当减径温度由 800℃ 升高到 850℃ 时，M_s 下降到 332℃，冷却速度 0.5℃/s 时的 F_s 也下降到 694℃，这是由于温度是位错运动的敏感参数，当形变温度增加时，抑制位错运动作用减弱，位错密度下降，使变形过程中形成的形变带减少，从而减少了相变的形核率，使相变温度下降。

从图 4-11 中也看出，30MnCr22 钢形变奥氏体的马氏体相变临界冷却速度大约为 35℃/s，即在冷却速度大于 35℃/s 的冷却下才可以发生全部的马氏体相变。所以，要想实现在线淬火，必须进行 35℃/s 以上冷却速度的超快冷却。

图 4-12 为经不同条件减径变形的 30MnCr22 钢在不同冷却速度下冷却后的微观组织，从中可以看出减径变形条件和冷却速度对金属组织的影响趋势。当冷却速度为 0.5℃/s 时，真应变为 0.25 时比 0.15 时得到的微观组织要细小（变形温度同为 800℃），如图 4-12（a）和（b）所示；变形温度 800℃ 时比 850℃ 时得到的微观组织要细（真应变同为 0.25），如图 4-12（b）和（c）所示；当变形温

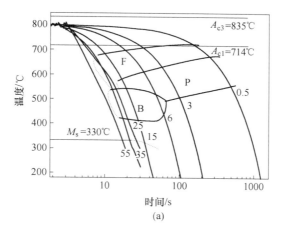

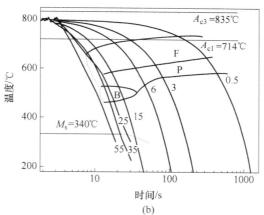

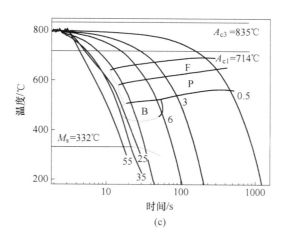

图 4-11 30MnCr22 钢形变奥氏体连续冷却转变曲线

（a）$T=800℃$，$\varepsilon=0.15$；（b）$T=800℃$，$\varepsilon=0.25$；（c）$T=850℃$，$\varepsilon=0.25$

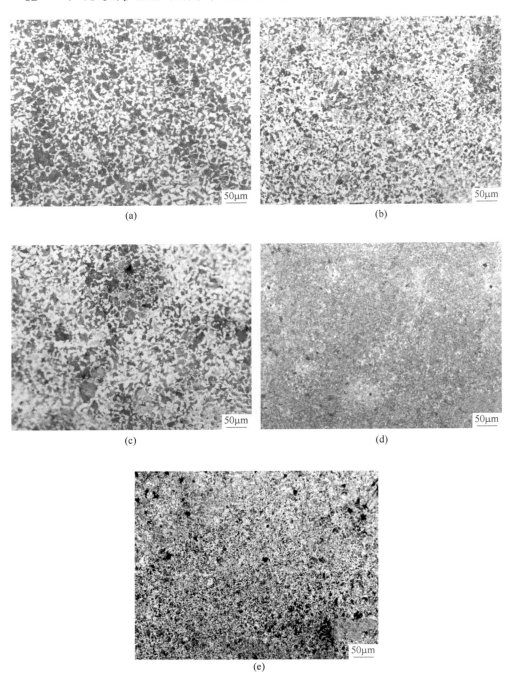

图 4-12   30MnCr22 钢形变奥氏体连续冷却转变组织

（a）$T=800℃$，$\varepsilon=0.15$，$v=0.5℃/s$；（b）$T=800℃$，$\varepsilon=0.25$，$v=0.5℃/s$；（c）$T=850℃$，$\varepsilon=0.25$，$v=0.5℃/s$；（d）$T=850℃$，$\varepsilon=0.25$，$v=35℃/s$；（e）$T=800℃$，$\varepsilon=0.25$，$v=35℃/s$

度同为 800℃、真应变同为 0.25 时，冷却速度从 0.5℃/s 增加到 35℃/s 时，微观组织由铁素体+珠光体变成了板条马氏体，如图 4-12（c）和（d）所示；而当真应变同为 0.25 时、冷却速度同为 35℃/s 时，变形温度 800℃时比 850℃时得到的板条马氏体更加细小，如图 4-12（d）和（e）所示。上述结果表明 30MnCr22 无缝钢管在制定 TMCP 工艺参数时，减径应该选择 800℃的终轧温度和 0.25 的等效真应变，减径后进行 35℃/s 以上的超快冷却淬火，以得到细小、强化的板条马氏体组织。

4.2.3 P91 钢动态冷却相变分析

图 4-13 为经不同的定径变形后 P91 钢以 1℃/s 的冷却速度冷却时的热膨胀曲线。由图 4-13（a）和（b）可知，在不施加变形的情况下，P91 钢的 M_s 平均值为 431℃，而在 1040℃经等效应变为 0.2 的定径变形后，P91 钢的 M_s 的平均值

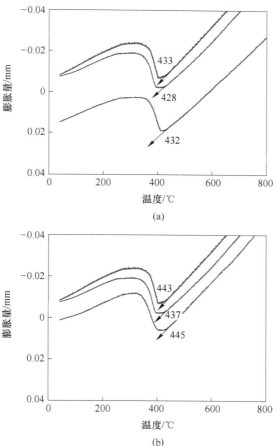

(a)

(b)

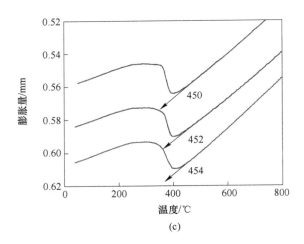

图 4-13　P91 钢在不同变形条件下的热膨胀曲线 （冷却速度均为 1℃/s）

(a) $T=1040℃$, $\varepsilon=0$; (b) $T=1040℃$, $\varepsilon=0.2$; (c) $T=990℃$, $\varepsilon=0.2$

提高到约 442℃，其原因在于变形不仅细化晶粒，还可引入形变位错，因此增加马氏体的形核位置，促进了马氏体形核，故而 M_s 提高。比较图 4-13 （b）和（c）可知，当定径温度由 1040℃ 降至 990℃ 时，M_s 平均值由 442℃ 升高至 452℃，这是由于温度是位错运动的敏感参数，当形变温度较低时可以抑制位错运动，使变形过程中形成的形变带能够更好地分割原始奥氏体晶粒，增加马氏体形核的晶界面积，故而 M_s 提高。

　　图 4-14 为 P91 钢经不同条件的变形和冷却后的 SEM 微观组织照片，可见变形条件不仅影响 M_s，而且影响相变形成的板条马氏体的板条束尺寸。比较图 4-14 （a）和（b）可见，当变形温度为 1040℃ 时，施加真应变为 0.2 的变形可将马氏体板条束由 3.0～4.0μm 细化至 1.5～3.0μm；比较图 4-14 （b）和（c）可见，形变温度越低，马氏体板条束越细小，形变温度从 1040℃ 降低至 990℃ 时，马氏体板条束进一步细化至 1.0～1.5μm。比较图 4-14 （c）和（d）可见，形变后的冷却速度越快，马氏体板条越细，当形变后的冷却速度由 0.5℃/s 增加至 1℃/s 时，马氏体板条束从 1.0～1.5μm 进一步细化至 0.6～1.0μm，马氏体板条束的宽度变化见表 4-6。如果冷却速度进一步增加到 2℃/s 时，组织中会出现部分片状马氏体 （见图 4-15），会导致淬火应力增大和塑性、韧性的下降，引起淬火变形甚至开裂。基于上述相变规律研究结果，为获得细小板条马氏体，在制定 P91 钢管的 TMCP 工艺参数时，定径终轧温度取 990℃，等效应变取 0.2，定径变形后采用 1℃/s 的冷却速度进行控制冷却。

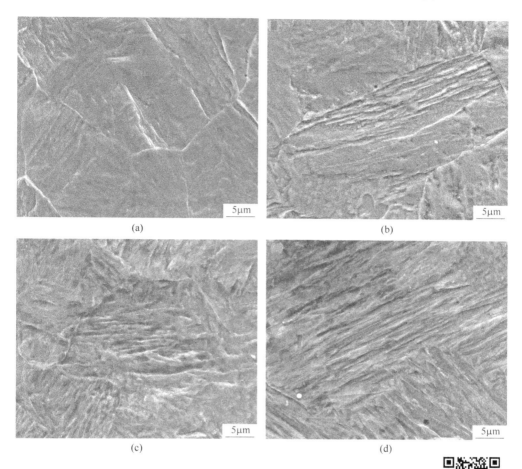

图 4-14 P91 钢在不同变形、冷却条件下的 SEM 组织

（a）$T=1040℃$，$\varepsilon=0$，$v=0.5℃/s$；（b）$T=1040℃$，$\varepsilon=0.2$，$v=0.5℃/s$；
（c）$T=990℃$，$\varepsilon=0.2$，$v=0.5℃/s$；（d）$T=990℃$，$\varepsilon=0.2$，$v=1℃/s$

扫一扫
查看彩图

表 4-6 P91 钢在不同变形、冷却条件下的马氏体板条束宽度

变形温度/℃	变形程度 ε	冷却速度/℃·s^{-1}	马氏体板条束宽度/μm
1040	0	0.5	3.0~4.0
1040	0.2	0.5	1.5~3.0
990	0.2	0.5	1.0~1.5
990	0.2	1.0	0.6~1.0

图 4-15 P91 钢在 990℃进行真应变 0.2 的变形后以 2℃/s 的
冷却速度冷却后的微观组织

4.3 无缝钢管快速冷却相变

钢管快速冷却相变过程和一般控制冷却相变相比，其组织转变过程极快，仅靠 Gleeble 热模拟无法动态分析其相变微观过程。所以为了探究低合金无缝管快速冷却微观组织演变机理，特意选取稀土复合微合金化 28CrMoVNiRE 热轧钢管（化学成分见表 4-7），采用高温激光共聚焦显微镜动态观察了其试样从奥氏体状态快速冷却至室温过程中的马氏体相变微观过程，分析马氏体及其亚结构形成和第二相析出过程，观察结果有助于理解无缝钢管快速冷却的相变强化机制。

表 4-7 28CrMoVNiRE 的化学成分 （质量分数，%）

C	Si	Mn	P	S	Cr	Mo	V	Ni	RE
0.28	0.26	0.45	0.01	0.01	0.12	0.60	0.25	0.11	0.03

4.3.1 无缝钢管快速冷却相变研究方案

从 28CrMoVNiRE 热轧管上取尺寸为 φ3mm×1mm 试样，利用高温激光共聚焦显微镜（型号为 VL2000DX）进行加热和快速冷却，设定加热速率 5℃/s，加热温度 900℃，保温 15min，冷却速度 450~900℃时分别取 8℃/s、15℃/s、50℃/s 和 70℃/s（冷却气体为氦气），200~450℃为 1℃/s（冷却气体为氩气），动态观察在快速冷却条件下的钢管样品的微观组织演变过程，分析其晶粒演变和相变过程，辅之以快速冷却后微观组织的扫描电镜（型号为 ZEISS Supra55）和透射电镜（型号为 FP5027/21）观察，探究快速冷却条件下钢管微观组织演变和强韧化机理。

4.3.2 冷却速度对快速冷却相变过程的影响

28CrMoVNiRE 钢管样品以不同冷却速度快速冷却时，晶粒演变和相变典型状态的高温激光共聚焦显微镜动态观察结果如图 4-16～图 4-19 所示，各图中的（a）均为奥氏体化保温结束时奥氏体晶粒的状态，（b）均为马氏体转变开始时的组织状态，（c）均为马氏体转变结束时的组织状态，（d）均为 150℃ 马氏体转变后的组织状态。微观组织的动态观察发现，马氏体板条一般在原始奥氏体晶粒晶界处形成。表 4-8 为不同冷却速度条件下，试样表面马氏体转变开始温度和结束温度，可见快速冷却可以显著降低试样表面马氏体的转变开始温度和结束温度，冷却速度越快，马氏体转变温度越低，转变速度越快，转变持续的温度区间

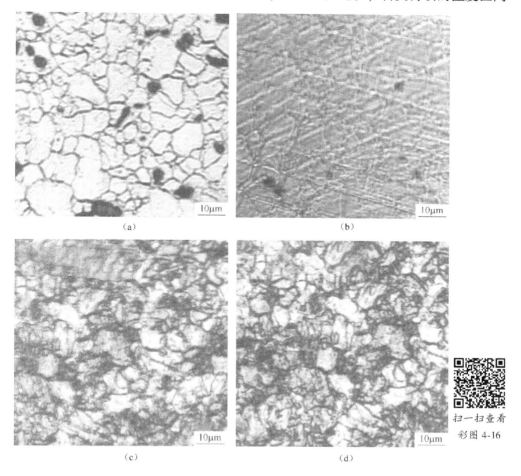

（a） （b）

（c） （d）

扫一扫查看
彩图 4-16

图 4-16 冷却速度 8℃/s 时 28CrMoVNiRE 的冷却相变过程

（a）时间 1497.02s，温度 900.0℃；（b）时间 1538.83s，温度 478.6℃；
（c）时间 1579.13s，温度 379.9℃；（d）时间 1830.83s，温度 150.0℃

越小。同时发现，试样表面马氏体转变开始温度要高于试样的实际 M_s 温度，实验钢 28CrMoVNiRE 的 M_s 温度约为 330℃，而高温激光共聚集显微镜观察到的试样表面的 M_s 温度均高于 330℃，两者相差 28~149℃，而且马氏体转变结束温度也比实验钢的 M_s 温度高，说明试样表面马氏体转变要比试样内部马氏体转变容易，所以转变开始和结束都要更快。

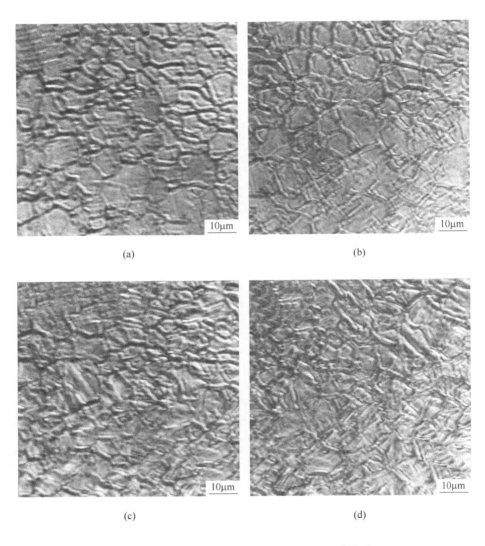

(a) (b)

(c) (d)

图 4-17 冷却速度 15℃/s 时 28CrMoVNiRE 的冷却相变过程

(a) 时间 1493.01s，温度 900.0℃；(b) 时间 1541.16s，温度 429.8℃；

(c) 时间 1601.70s，温度 350.5℃；(d) 时间 1802.66s，温度 150.0℃

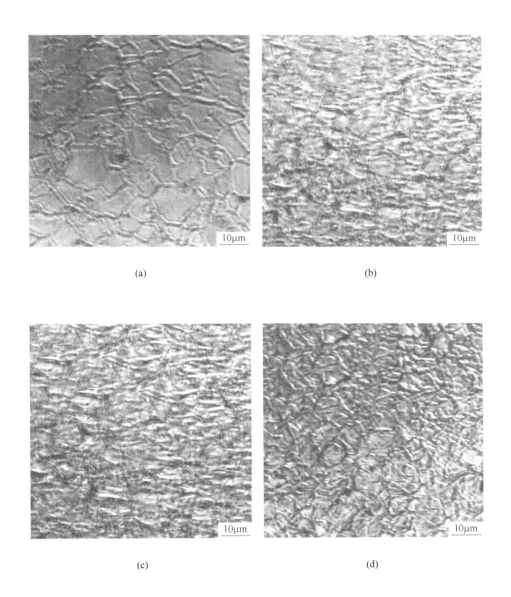

图 4-18 冷却速度 50℃/s 时 28CrMoVNiRE 的冷却相变过程
(a) 时间 1492.29s，温度 900.0℃；(b) 时间 1567.20s，温度 380.1℃；
(c) 时间 1606.64s，温度 340.6℃；(d) 时间 1796.70℃，温度 150.0℃

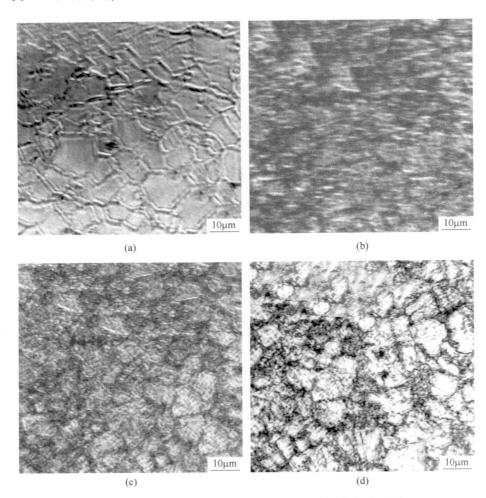

图 4-19   冷却速度 70℃/s 时 28CrMoVNiRE 的冷却相变过程

（a）时间 1490.27s，温度 900.0℃；（b）时间 1596.13s，温度 357.5℃；

（c）时间 1596.46s，温度 356.9℃；（d）时间 1803.40s，温度 150.6℃

表 4-8   不同冷却速度下 28CrMoVNiRE 钢的表面马氏体转变温度

冷却速度/℃·s^{-1}	表面马氏体转变开始温度/℃	表面马氏体转变结束温度/℃
8	479	380
15	430	351
50	380	341
70	358	357

4.3.3 快速冷却条件下马氏体转变过程的原位观察

以冷却速度为 15℃/s 和 70℃/s 为例对 28CrMoVNiRE 实验钢在快速冷却条件下马氏体转变过程的原位观察结果进行分析。

图 4-20 为冷却速度 15℃/s 时 28CrMoVNiRE 实验钢冷却相变过程的原位观察结果。在图 4-20（a）~（c）的左边缘箭头所示位置处，看到了板条马氏体从奥氏体晶粒中的形成以及长大的过程。图 4-20（a）所对应的时间为 1541.16s，此时温度为 425.0℃，可见第一片马氏体板条开始形成，图 4-20（b）所对应的时间为 1541.67s，此时温度为 427.3℃，可见第一片马氏体板条已长大至所在奥氏体晶粒的尺寸；图 4-20（c）所对应的时间为 1542.17s，此时温度为 425.0℃，可见平行于第一片马氏体板条形成了另一片马氏体板条。根据上述观察结果推算每一片马氏体板条形成与长大大约需要 0.5s，马氏体板条的长大速度约为 20μm/s。在图 4-20（d）~（f）中箭头所示的奥氏体晶粒中，同样看到了马氏体板条的形成与长大过程。图 4-20（d）中，当时间为 1549.81s，温度为 393.6℃时，马氏体板条从原奥氏体晶粒晶界处开始形成并迅速长大至约奥氏体晶粒尺寸的 1/2，到图 4-20（e），当时间为 1550.31s，温度为 391.5℃时，马氏体板条就长大至约奥氏体晶粒尺寸的 3/4，到图 4-20（f），当时间为 1550.82s，温度为 390.1℃时，马氏体板条就长大至奥氏体晶粒尺寸。经计算，马氏体板条的长大速度约为 8μm/s。观察也发现，从第一片马氏体板条形成开始的 429.8℃直到约 380℃，只有少数几个奥氏体晶粒中形成了板条马氏体，而当温度降至 380℃以下（见图 4-20（g））后，马氏体板条开始爆发式形成，并很快完成转变，当温度降至约 350℃时，整个马氏体转变过程基本结束，此时的马氏体形态和 150℃（见图 4-20（h））时几乎相同。

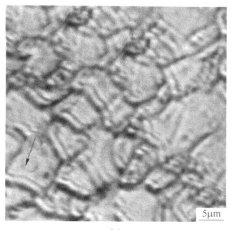 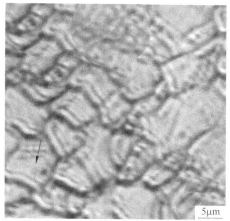

(a)   (b)

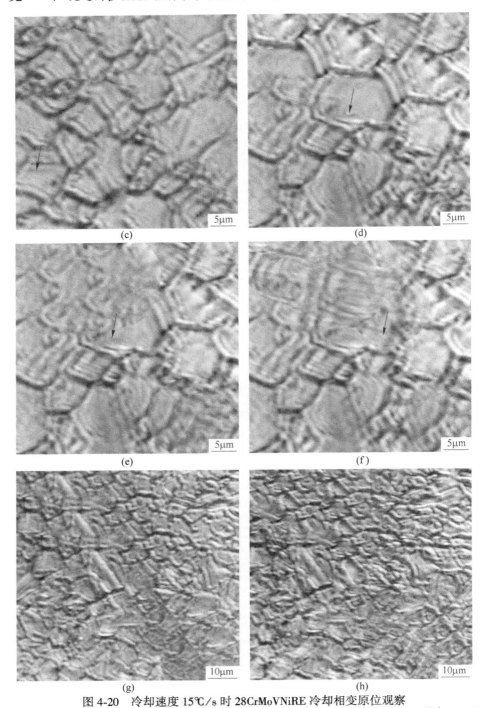

图 4-20   冷却速度 15℃/s 时 28CrMoVNiRE 冷却相变原位观察
（a）时间 1541.16s，温度 429.8℃；（b）时间 1541.67s，温度 427.3℃；（c）时间 1542.17s，温度 425.0℃；
（d）时间 1549.81s，温度 393.6℃；（e）时间 1550.31s，温度 391.5℃；（f）时间 1550.82s，温度 390.1℃；
（g）时间 1571.18s，温度 380.9℃；（h）时间 1601.70s，温度 350.5℃

当冷却速度增加到70℃/s的条件下，温度降至357.5℃时，其马氏体板条直接进入爆发式形成阶段，并瞬间完成马氏体相变过程，如图4-19（b）和（c）所示。可见，超快冷却可以抑制原始奥氏体晶粒长大和抑制非马氏体相变，当温度到达马氏体相变区间时，在巨大的相变动力促进下，马氏体板条爆发式形成并迅速完成转变，从而得到极细的板条马氏体强化组织。如果钢管能够在线实现这种超快冷却，结合细晶、形变、相变和析出多重协同强化作用，将大大提高钢管的最终力学性能。

4.3.4　快速冷却条件下马氏体转变的组织特征

图4-21为不同冷却速度时钢管室温组织，当冷却速度从15℃/s提高到50℃/s和70℃/s时，晶粒有所细化，但效果并不明显，晶粒大小基本在10μm左右，但是马氏体板条细化效果十分显著。冷却速度越快，马氏体板条间距越细小。当冷却速度为15℃/s时，马氏体板条束宽度约为0.2~0.4μm，如图4-21（d）所示。当冷却速度提高到50℃/s时，马氏体板条束宽度细化至0.1~0.2μm，如图4-21（e）所示，当冷却速度进一步提高到70℃/s时，马氏体板条束宽度细化至0.1μm，如图4-21（f）所示。马氏体板条束在不同冷却速度下的宽度详见表4-9。而且，随着冷却速度的加快，不仅马氏体板条间距减小，而且还会形成亚晶进一步细化组织。图4-21（f）中，在冷却70℃/s时，原奥氏体晶粒中同时出现多个马氏体板条束，不同位向的马氏体板条束将原奥氏体晶粒分割成若干个亚晶，这种结构可以发挥亚晶强化的作用。通过马氏体板条细化和亚晶细化可以显著提升钢管的力学性能。

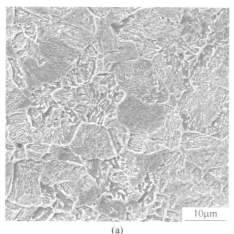

(a)

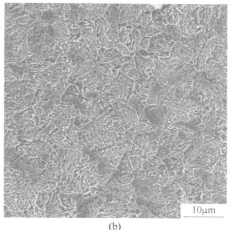

(b)

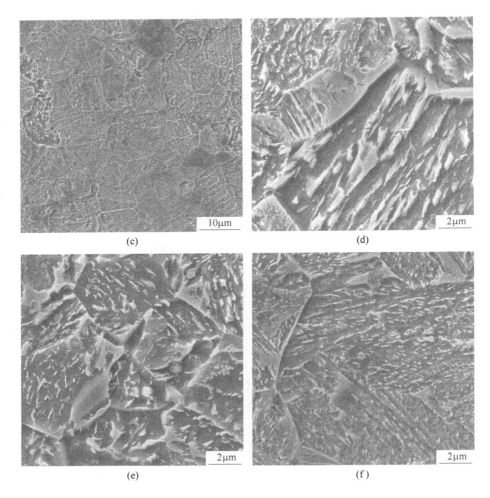

图 4-21 不同冷却速度时 28CrMoVNiRE 微观组织

（a），（d）冷却速度为 15℃/s；（b），（e）冷却速度为 50℃/s；（c），（f）冷却速度为 70℃/s

表 4-9 28CrMoVNiRE 在不同冷却速度下的马氏体板条束宽度

冷却速度/℃·s^{-1}	马氏体板条束宽度/μm
15	0.2~0.4
50	0.1~0.2
70	<0.1

图 4-22 为冷却速度 70℃/s 时 TEM 观察到的钢管室温组织。从图中可以看出其组织形态为板条马氏体及马氏体板条内倾斜析出的第二相（见图 4-22（a）），

同时在板条内可见高密位错（见图 4-22（b）），马氏体板条分解为若干更为细小的亚板条，尺寸在 100nm 以下（见图 4-22（c）），马氏体板条内析出的第二相呈长条状，与马氏体板条长轴成 55°～60°交角，长度约为 100～200nm，宽度约为 30～40nm，经衍射斑点标定正交结构的 θ 碳化物 M_3C，由能谱 EDS 分析可知为（Fe，Cr）$_3C$。这种在超快冷却条件下获得的含有纳米级碳化物、高密度位错和纳米级亚板条的超细马氏体组织，将会显著提高钢管的强韧性。

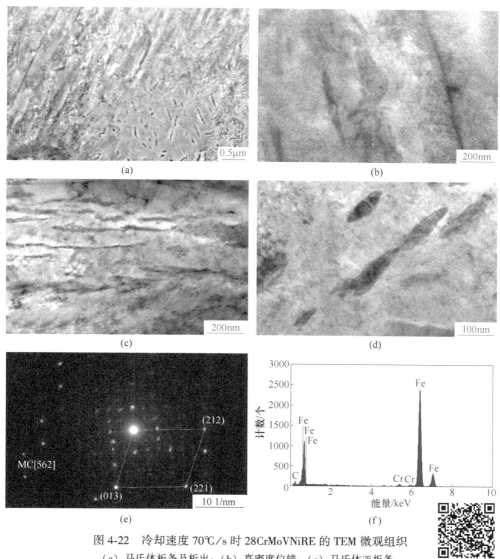

图 4-22　冷却速度 70℃/s 时 28CrMoVNiRE 的 TEM 微观组织

（a）马氏体板条及析出；（b）高密度位错；（c）马氏体亚板条；

（d）析出物；（e）析出物衍射斑点；（f）析出物 EDS

扫一扫

查看彩图

4.4 本 章 小 结

（1）在无缝钢管控制冷却传热全尺寸物理模拟实验平台上，测得 30MnCr22 钢管试样在不同控制冷却条件下的冷却曲线，经分析发现影响钢管气雾冷却传热的关键因素是气水混合比，其最佳值为 6~7。通过反传热法计算，获得了钢管气雾控制冷却条件下的热流密度和换热系数。随着冷却水量和压缩空气压力的增加，冷却效果增强，对应的热流密度和换热系数也随之增大。换热系数随温差的下降而升高，依次经历了高温膜态沸腾阶段、中温稳定阶段和低温过渡态沸腾阶段。采用有限元正算法，验证了反传热计算结果的可靠性。随着冷却效果的加强，钢管得到了更加细小的板条马氏体组织，验证了气雾控制冷却物理模拟技术的可行性。同时，应尝试提高水压和气压，特别是突破高温膜态沸腾传热阶段的蒸汽膜，实现钢管超快冷却，这样有可能进一步细化板条马氏体，促进金属中更多的碳氮化物弥散析出，从而产生更佳的强化效果。

（2）采用 Gleeble-1500D 热模拟实验机测定了 30MnCr22 钢形变奥氏体的连续冷却曲线和 P91 钢形变奥氏体连续冷却的马氏体动态相变温度，分析了其动态相变规律。对于 30MnCr22 钢，其他条件相同，变形温度越低，应变量越大，马氏体相变温度和铁素体相变温度越低，得到的组织越细；随着冷却速度的加大，其微观组织由铁素体+珠光体组织变成了板条马氏体组织。因此，制定 30MnCr22 钢管减径和超快冷 TMCP 工艺参数时，为获得细小、强化的板条马氏体组织，减径终轧温度取 800℃，等效真应变取 0.25，减径变形后采用大于 35℃/s 的冷却速度进行超快冷却。对于 P91 钢，在 1040℃经等效应变为 0.2 的变形后，马氏体转变开始温度的平均值由不变形时的 431℃提高到了 442℃，经 0.5℃/s 的速度冷却后，马氏体板条束由不变形时的 3.0~4.0μm 细化至 1.5~3.0μm；当变形温度降至 990℃时，马氏体转变开始温度平均值进一步提高到 452℃，马氏体板条束进一步细化至 1.0~1.5μm；在此基础上，当冷却速度增加至 1℃/s 时，马氏体板条束进一步细化至 0.6~1.0μm。因此制定 P91 钢管定径和控制冷却 TMCP 工艺参数时，为获得细小、强化的板条马氏体组织，定径终轧温度取 990℃，等效真应变取 0.2，定径变形后采用 1℃/s 的冷却速度进行控制冷却。

（3）高温激光共聚集显微镜对 30MnCr22 钢管试样快速冷却相变过程的原位观察发现，冷却速度越快，马氏体转变温度越低，转变速度越快，转变持续的温度区间越小，马氏体板条越细。当冷却速度达到 70℃/s 以上的超快冷却可以诱发马氏体爆发式转变，得到具有亚晶细化特征的含有纳米级碳化物、高密度位错和纳米级亚板条的超细马氏体组织，将会显著提高钢管的强韧性。

5 无缝钢管 TMCP 的实验模拟和数值模拟

根据第 3 章 30MnCr22 钢和 P91 钢高温再结晶行为的研究结果，两种材料穿孔和连轧均可采用再结晶型控制轧制，定（减）径均可采用未再结晶型控制轧制。在此基础上，本章借助 Gleeble-1500D 热模拟实验机的多道次热压缩实验，基于 PQF 工艺，采用上述控制轧制策略，进行两种材料无缝钢管 TMCP 的实验模拟，分析两种材料无缝钢管 TMCP 的再结晶行为和微观组织演变规律，在此基础上建立无缝钢管 TMCP 的热、变形和微观组织耦合有限元模型，进行数值模拟，为基于 PQF 工艺热轧无缝钢管 TMCP 的微观组织控制提供理论指导。

5.1 无缝钢管 TMCP 的实验模拟

5.1.1 无缝钢管 TMCP 实验模拟研究方案

5.1.1.1 无缝钢管 TMCP 实验模拟的研究思路

尽管无缝钢管的轧制过程十分复杂，但是根据变形温度和变形程度，仍然可以将其轧制过程分为三个主要阶段：穿孔、轧管和定（减）径。穿孔和轧管工序变形温度高、变形量大，可以认为是高温粗轧；而定（减）径工序的变形温度低、变形量小，可以认为是低温精轧。由此，可以参考板带钢的粗轧和精轧，进行无缝钢管 TMCP 的实验模拟研究。本研究基于目前最新、最先进的 PQF 生产工艺，采用 Gleeble-1500D 热模拟实验机进行多道次热压缩实验，模拟无缝钢管穿孔、PQF 连轧和定（减）径三个轧制变形过程。这种模拟可以在很大范围内改变变形量、变形速率和变形温度；可进行多道次连续变形，并能调整间隙时间；可调整冷却速度，同时能固定高温下金属组织；还可以测定各道次金属变形的真应力-真应变曲线。通过实验模拟研究可以为 PQF 热轧无缝钢管 TMCP 的实现提供理论指导。

采用热模拟实验研究热轧无缝钢管生产中组织变化规律时，要考虑其在轧制过程中发生的复杂三维变形，故采用等效应变 ε_{dq} 代替实际应变。等效应变 ε_{dq} 可用下式计算[32]：

$$\varepsilon_{eq} = \frac{\sqrt{2}}{3}\sqrt{(\varepsilon_1 - \varepsilon_2)^2 + (\varepsilon_2 - \varepsilon_3)^2 + (\varepsilon_3 - \varepsilon_1)^2} \qquad (5\text{-}1)$$

式中，ε_1，ε_2，ε_3 为主真应变。

忽略钢管轧制的附加应变，那么这三个主真应变分别代表钢管的轴向（L）、周向（C）和径向（t）的真应变。因此：

$$\varepsilon_1 = \varepsilon_L = \ln(L_2/L_1) \tag{5-2}$$

$$\varepsilon_2 = \varepsilon_C = \ln(C_2/C_1) \tag{5-3}$$

$$\varepsilon_3 = \varepsilon_t = \ln(t_2/t_1) \tag{5-4}$$

式中，L_1，L_2，C_1，C_2，t_1，t_2 分别为变形前后的钢管长度、断面平均周长和壁厚。

根据体积不变定律可得

$$L_1 t_1 C_1 = L_2 t_2 C_2 \tag{5-5}$$

$$L_1 t_1 R_1 = L_2 t_2 R_2 \tag{5-6}$$

式中，R_1，R_2 为变形前后的平均半径，将式（5-5）和式（5-6）代入式（5-2）~式（5-4）再代入式（5-1）得

$$\varepsilon_{eq} = \frac{\sqrt{3}}{2} \left\{ \left[\ln\left(\lambda \frac{R_1}{R_2} \right) \right]^2 + \left[\ln\left(\lambda \frac{R_2^2}{R_1^2} \right) \right]^2 + \left[\ln\left(\frac{1}{\lambda^2} \right) \frac{R_1}{R_2} \right]^2 \right\}^{\frac{1}{2}} \tag{5-7}$$

式中，λ 为延伸系数：

$$\lambda = \frac{L_2}{L_1} \tag{5-8}$$

钢管生产中，每道次中的应变速率 $\dot{\varepsilon}$ 是连续变化的，研究中采用平均应变速率，变形温度 T、道次间隙时间 t 及冷却速度 v 则根据实际情况而定[32]。

5.1.1.2　30MnCr22 钢管 TMCP 实验模拟研究方案

将在 30MnCr22 管坯上取材制得的 ϕ8mm × 15mm 的热模拟试样，通过 Gleeble-1500D 热模拟实验机进行多道次热压缩实验，结合 30MnCr22 钢管实际生产工艺参数，分别模拟穿孔、PQF 连轧和张力减径三个轧制变形过程，图 5-1 所示为一道次穿孔、六道次 PQF 连轧+三道次脱管和七道次张力减径三个轧制变形过程的工艺规程，具体工艺参数详见表 5-1。连轧模拟中拟采用总变形率为 78.9% 的较大变形量和总变形率为 73.2% 的较小变形量两种不同的变形量，具体道次变形量见表 5-1；而在减径模拟中采用 0.2s 和 0.1s 两种道次间隙时间；减径模拟后采用 1.0℃/s 和 3.5℃/s 的冷却速度及直接水淬的方式冷却至室温，通过变化轧制过程变形量、道次间隙时间和轧制后冷却速度，研究轧制工艺参数对钢管组织性能的影响，并分析轧制工艺影响组织性能的机理。此外，对不同变形阶段的真应力-真应变曲线进行分析，研究 30MnCr22 钢 TMCP 穿孔、连轧和减径过程中的再结晶行为；再将不同热变形阶段的热模拟试样（穿孔和连轧后的水淬试

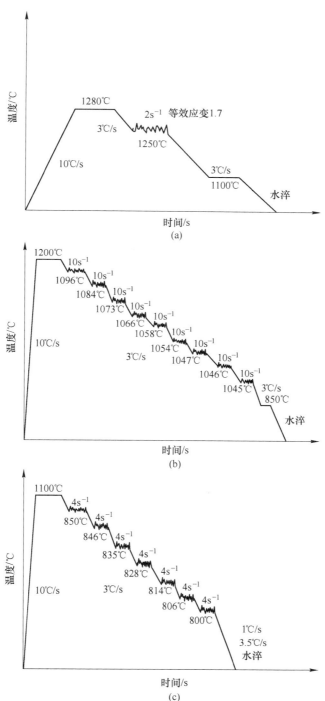

图 5-1 模拟 30MnCr22 钢管穿孔、连轧和减径实验方案

(a) 穿孔;(b) 连轧;(c) 减径

样、定径后控制冷却和直接水淬的试样）沿横断面剖开，经研磨、抛光及硝酸酒精水溶液腐蚀，采用蔡司金相显微镜和透射电镜（型号为 FP5027/21）观察微观组织，研究 30MnCr22 钢在 TMCP 条件下不同变形阶段的微观组织演变规律。

表 5-1 模拟 30MnCr22 钢管 TMCP 穿孔+PQF 连轧+减径模拟工艺参数

道次	等效应变	变形温度/℃	应变速率/s⁻¹	间隙时间/s
加热	—	1280	—	—
穿孔	1.700	1250	2	60
连轧 1	0.345/0.382	1096	10	0.42
连轧 2	0.362/0.407	1084	10	0.45
连轧 3	0.264/0.310	1075	10	0.23
连轧 4	0.187/0.234	1066	10	0.31
连轧 5	0.087/0.129	1058	10	0.2
连轧 6	0.016/0.034	1054	10	1
脱管 1	0.031	1047	10	0.1
脱管 2	0.019	1046	10	0.1
脱管 3	0.008	1045	10	60
减径 1	0.033	850	4	0.2/0.1
减径 2	0.053	846	4	0.2/0.1
减径 3	0.053	835	4	0.2/0.1
减径 4	0.038	828	4	0.2/0.1
减径 5	0.029	814	4	0.2/0.1
减径 5	0.020	806	4	0.2/0.1
减径 7	0.008	800	4	—

5.1.1.3 P91 钢管 TMCP 实验模拟研究方案

由于 P91 钢属于高合金钢，高温变形抗力较大，故制定其 TMCP 实验模拟工艺参数时，加热温度取 1290℃，穿孔、连轧阶段采用高温大变形进行再结晶型控制轧制，定径阶段采用终轧温度为 950℃ 的未再结晶型控制轧制，并在 Gleeble-1500D 热模拟实验机上进行热轧过程的一道次穿孔、五道次连轧和七道次定径的热模拟实验，测定不同变形阶段的真应力-真应变曲线。穿孔、连轧和定径变形工艺参数见表 5-2。定径后分别以 0.5℃/s 和 1.0℃/s 的冷却速度控制冷却至室温。分析不同变形阶段的真应力-真应变曲线，研究 P91 钢 TMCP 穿孔、连轧和定径过程中的再结晶行为。将不同热变形阶段的模拟试样（穿孔和连轧后的水淬试样、定径后控制冷却的试样），沿横截面剖开，经研磨、抛光及三氯化铁盐酸水溶液腐蚀，用激光共聚集显微镜（型号为 OLS4000）和扫描电镜（型号为 ZEISS Supra55）观察，然后用线切割切成薄片，经机械减薄后，再经电解双喷减薄，用 JEOL 型透射电镜（型号为 JEOL JEM-2100F），在 200kV 的加速电压下观察精细亚结构，研究 P91 钢管在 TMCP 条件下不同变形阶段的微观组织演变规律。

表 5-2　P91 钢管 TMCP 穿孔+PQF 连轧+定径模拟工艺参数

道次	等效应变	温度/℃	应变速率/s⁻¹	间隙时间/s
加热	—	1290	—	—
穿孔	1.303	1250	2	50
连轧 1	0.153	1125	3	0.853
连轧 2	0.15	1112	4	1.004
连轧 3	0.104	1098	4	0.678
连轧 4	0.056	1088	3	0.645
连轧 5	0.012	1080	2	50
定径 1	0.019	1040	2	2
定径 2	0.015	1036	2	2
定径 3	0.016	1025	2	2
定径 4	0.015	1018	2	2
定径 5	0.015	1004	2	2
定径 6	0.008	996	2	2
定径 7	0.008	990	2	—

5.1.2　30MnCr22 无缝钢管 TMCP 的实验模拟

5.1.2.1　30MnCr22 无缝钢管 TMCP 的再结晶行为

采用 Gleeble-1500D 热模拟实验机，按照图 5-1（a）中设定的工艺参数对 30MnCr22 钢进行热压缩变形以模拟该钢种的穿孔过程，该钢种在模拟穿孔时的真应力-真应变曲线如图 5-2 所示。由图中可以看出，穿孔时的真应力-真应变曲线存在明显的应力峰值，峰值应力 R_p 为 -46.0MPa，对应的峰值应变 ε_p 为 -0.24，应力下降之后出现了稳定的平台。由此可以看出穿孔过程中发生了充分的动态再结晶，这将使穿孔后的组织产生晶粒细化。穿孔变形后应力迅速下降，说明穿孔后的间隙时间内发生了几乎完全的亚动态再结晶，如图 5-2（b）所示。而且动态、亚动态再结晶将使坯料组织得到软化，降低变形抗力，提高塑性，改善坯料在随后的连轧、减径过程的热加工性能。

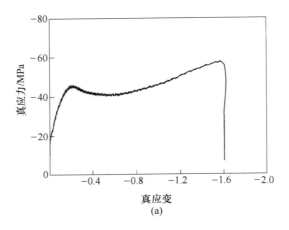

(a)

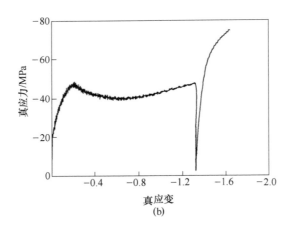

(b)

图 5-2   模拟 30MnCr22 钢管穿孔时的真应力-真应变曲线

(a) 穿孔；(b) 穿孔和一道次连轧

采用 Gleeble-1500D 热模拟实验机，按照图 5-1 (b) 和表 5-1 中设定的工艺参数对 30MnCr22 钢进行多道次热压缩变形以模拟该钢种的连续轧管过程，得到 30MnCr22 钢管连轧+脱管时的真应力-真应变曲线，如图 5-3 所示。由图 5-3 可知，连轧道次间隙应力大幅下降，说明连轧道次间隙时发生了静态软化，特别是前两道次由于变形程度较大，道次间隙发生了明显的静态再结晶，几乎完全软化，所以各道次的应力在逐渐下降。其原因在于连轧过程中每道次的变形没有达到动态再结晶的临界应变，同时连轧过程中间隙时间较长，道次间的应变没有得到累积，所以不能发生动态再结晶，只能在道次间隙和连轧变形后发生静态再结晶。与图 5-3 （a） 相比 （总应变量为 73.2%），图 5-3 （b） 所表示的总应变量更大，为 78.9%，可见每道次的应力峰值也相应提高，这说明增大应变量能储存更多的变形能，这将为减径变形后发生相变重结晶提供更多的形核点，从而实现细化晶粒的目的。

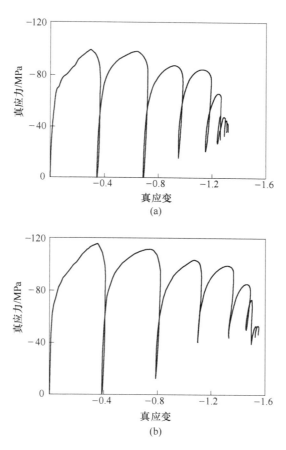

图 5-3　模拟 30MnCr22 钢管连轧和减径时的真应力-真应变曲线
（a）连轧变形 73.2%；（b）连轧变形 78.9%

　　采用 Gleeble-1500D 热模拟实验机，按照图 5-1 （c） 和表 5-1 中设定的工艺参数对 30MnCr22 钢进行多道次热压缩变形以模拟该钢种的减径过程，得到模拟 30MnCr22 钢管在减径过程中的真应力-真应变曲线，如图 5-4 所示。由图可以看出，前五个道次的应力整体水平是依次增加的，这表明前五个道次中，每道次的应变值很小，没有超过动态再结晶的临界值，所以没有发生动态再结晶；同时，前五个道次的变形温度低，只有 800~850℃，变形量小，间隙时间短，道次间隙时间内也几乎没有发生静态再结晶，所以应变得到积累，造成应力的迅速增加。

图 5-4（a）和（b）相比道次间隙从 0.2s 缩短为 0.1s，应变累积效果更加明显，最大真应力也从 92.0MPa 增加到了 97.0MPa。减径低温小变形的应变累积，结合短间隙时间控制，将造成形变奥氏体的强化、硬化，这时配合快速冷却，就可以得到细小的相变组织和良好的力学性能。

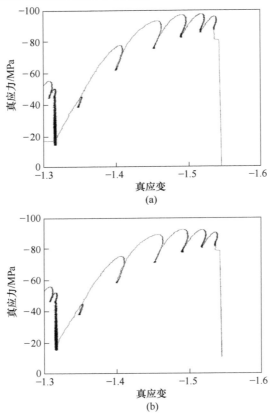

图 5-4　模拟 30MnCr22 钢管减径时的真应力-真应变曲线

（a）间隙时间 0.1s；（b）间隙时间 0.2s

5.1.2.2　30MnCr22 无缝钢管 TMCP 的微观组织演变规律

图 5-5 是 30MnCr22 钢经穿孔模拟变形后的微观组织照片。从图 5-5（b）中可以看到既有一些没有来得及长大的再结晶细晶粒，尺寸在 50μm 以下，也有一些已经长大的再结晶晶粒，尺寸在 100μm 以上，但总体来说管坯晶粒还是得到了显著的细化，通过粒径分布计算软件计算得到模拟穿孔后试样的平均晶粒尺寸为 60.3μm，与管坯加热后穿孔前平均尺寸为 200μm 的晶粒（见图 5-5（a））相比，细化效果十分明显。这说明穿孔高温大变形时造成的充分的动态再结晶，使管坯晶粒得到了明显的再结晶细化。

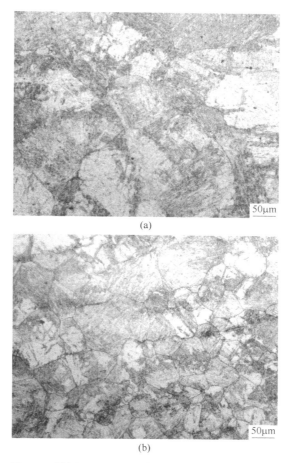

图 5-5 模拟 30MnCr22 钢管穿孔前后的微观组织图
(a) 穿孔前；(b) 穿孔后

　　图 5-6 分别为 30MnCr22 钢以两种不同变形量进行钢管连轧模拟变形后的微观组织照片。图 5-6 (a) 对应的变形量相对较小，总变形量为 73.2%，其晶粒平均尺寸为 29.2μm；图 5-6 (b) 对应的变形量相对较大，总变形量为 78.9%，其晶粒平均尺寸为 23.8μm。由此可知，随着压下量的增加，晶粒将得到细化。

　　为了验证钢管轧制过程中存在微观组织遗传性，特意观察了总变形量为 78.9% 的连轧中前两道次轧制结束后试样的微观组织，如图 5-7 所示。可见经一道次轧制后，试样的晶粒尺寸从穿孔后的 60.3μm 细化至 46.4μm，如图 5-7 (a) 所示；轧制两道次后，钢管晶粒尺寸进一步细化至 34.2μm，如图 5-7 (b) 所示；而连轧+脱管后的晶粒细化至 23.8μm，如图 5-6 (b) 所示。可见连轧过程对钢管晶粒细化的作用十分明显，特别是压下量较大的前几个道次，静态再结晶对晶粒细化的作用更为明显。

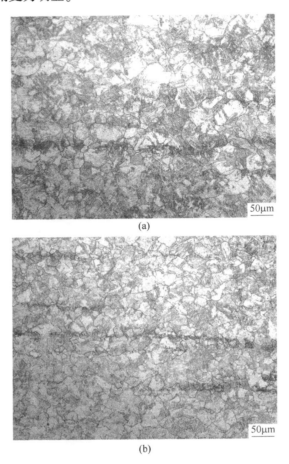

图 5-6   模拟 30MnCr22 钢管连轧后的微观组织图

(a) 总变形量为 73.2%；(b) 总变形量为 78.9%

图 5-8 为模拟 30MnCr22 钢管减径变形后以不同的冷却速度控制冷却后试样的微观组织。由图可知，30MnCr22 钢管减径后控制冷却得到的微观组织为铁素体+珠光体，但铁素体的晶粒大小和数量明显受减径道次间隙时间和减径后冷却速度的影响。当间隙时间为 0.2s，冷却速度 1℃/s 时，铁素体晶粒平均尺寸为 13.5μm（见图 5-8 (a)）；当道次间隙时间缩短为 0.1s 时，铁素体晶粒平均尺寸细化至 13.0μm（见图 5-8 (b)）；当道次间隙时间为 0.1s 时，增加冷却速度至 3.5℃/s，铁素体晶粒平均尺寸细化至 11.2μm（见图 5-8 (c)），同时铁素体数量减小，珠光体数量增加；当道次间隙时间为 0.1s 时，减径后直接水淬，将直

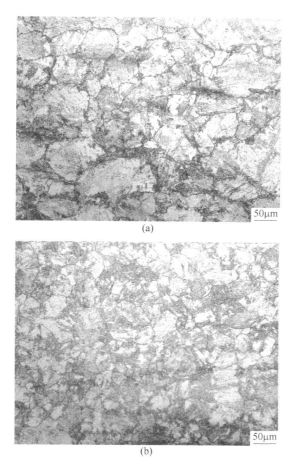

图 5-7 模拟 30MnCr22 钢管连轧道次间微观组织图

（a）连轧第一道次；（b）连轧第二道次

接得到板条马氏体组织，晶粒尺寸细化至 10μm 以下，如图 5-8（d）所示。组织的变化说明，钢管减径变形过程中实现 TMCP 的核心是使各道次的应变得到累积而发生形变诱导相变，同时通过减径后的快速冷却将形变强化的奥氏体组织保持到动态相变点进行相变形核，最终得到细小的室温组织，从而提高钢管的最终力学性能。表 5-3 是 30MnCr22 钢模拟钢管减径后控制冷却和水淬后试样的硬度，从表中可以看出，随着减径道次间隙时间的缩短和减径后冷却速度的加快，硬度增加，那么钢管的强度也会相应提高。图 5-9 是直接水淬后的 TEM 组织，由图 5-9（a）可见细小的马氏体板条和亚板条，马氏体板条内可见高密度位错（见图 5-9（b））和纳米级碳化物析出（见图 5-9（c）），根据图 5-9（d）的析出物 EDS 可知该析出物主要是（Fe，Cr）$_3$C。图 5-10 显示了 30MnCr22 钢模拟钢管从连铸管坯加热到成品钢管 TMCP 不同阶段的试样的晶粒尺寸演变情况, 可见控制轧制与快速冷却对钢管晶粒细化的作用十分明显。

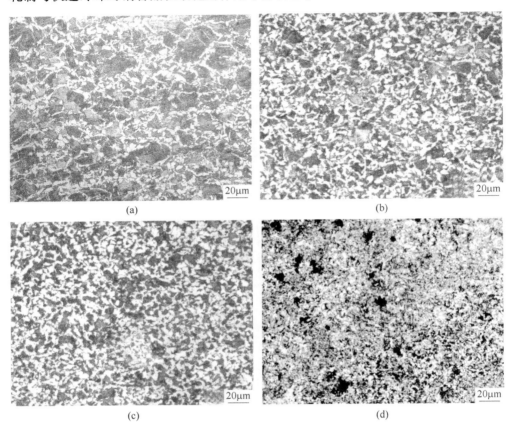

图 5-8 模拟 30MnCr22 钢管减径后控制冷却的微观组织

(a) 间隙时间 0.2s, 冷却速度 1℃/s; (b) 间隙时间 0.1s, 冷却速度 1℃/s;
(c) 间隙时间 0.1s, 冷却速度 3.5℃/s; (d) 间隙时间 0.1s, 水淬

表 5-3 模拟 30MnCr22 钢管减径后控制冷却和水淬后试样的硬度

间隙时间/s	减径后冷却速度/℃·s⁻¹	实测硬度 (HRC)	平均硬度 (HRC)
0.2	1.0	15.0/15.5/16.5	15.7
0.1	1.0	15.4/15.7/16.6	15.9
0.1	3.5	23.5/24.5/24.0	24.0
0.1	水淬	51.5/51.0/52.0	51.5

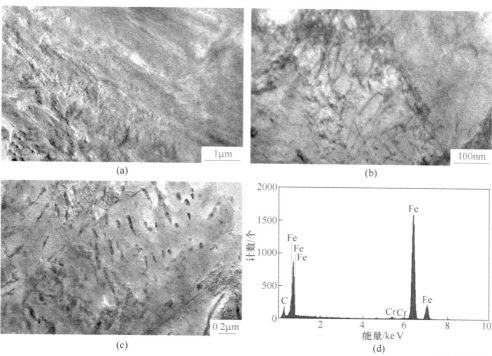

图 5-9 30MnCr22 钢 TMCP 热模拟后淬火的微观组织

（a）马氏体板条；（b）位错；（c）析出物；（d）析出物 EDS

扫一扫

查看彩图

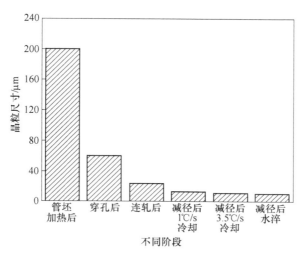

图 5-10 30MnCr22 钢 TMCP 热模拟不同阶段的晶粒尺寸

5.1.3　P91 无缝钢管 TMCP 的实验模拟

5.1.3.1　P91 无缝钢管 TMCP 的再结晶行为

采用 Gleeble-1500D 热模拟实验机，按照表 5-2 中设定的工艺参数对 P91 钢进行多道次热压缩变形以模拟该钢种的 TMCP 轧制变形和冷却过程，得到模拟 P91 钢管的单道次穿孔、五道次连轧及七道次定径变形的真应力-真应变曲线，如图 5-11 所示。由图 5-11（a）可知，穿孔阶段存在明显的应力峰值，峰值应力 R_p 为 $-81.9\mathrm{MPa}$，对应的峰值应变 ε_p 为 -0.35，应力下降之后出现了稳定的平台。表明 P91 钢在穿孔变形时发生了充分的动态再结晶，这将大大细化管坯晶粒。穿孔变形后应力迅速下降，说明穿孔后的间隙时间内发生了几乎完全的亚动态再结晶。穿孔大变形的再结晶还将软化坯料组织，降低变形抗力，提高塑性，这对于

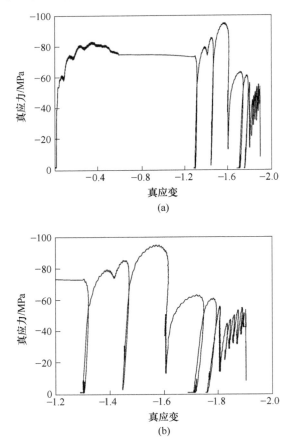

(a)

(b)

图 5-11　P91 钢模拟穿孔、连轧和定径的真应力-真应变曲线

（a）穿孔，连轧和定径；（b）连轧和定径（放大）

改善高温变形抗力较大的高合金钢 P91 在随后的连轧、定径过程的热加工性能十分有利。

从模拟连轧阶段的真应力-真应变曲线（见图 5-11（b））可知，连轧前两道次发生了应变累积，第 1 道次峰值应力为 -83.7MPa，第 2 道次应力增加到 -94.5MPa，但随后应力迅速下降，表明从第 3 道次开始，由于应变值相对前两道次明显下降，应变来不及累积就发生了静态回复软化。在连轧结束后定径前较长的间隙时间内将继续发生更明显的静态再结晶软化。由于 P91 钢在穿孔-连轧阶段变形温度高（1100~1250℃）、变形量大（真应变高达 1.8），故可采用再结晶型控制轧制细化定径前的形变奥氏体晶粒。

从模拟定径阶段的真应力-真应变曲线（见图 5-11（b））可知，定径变形前五道次实现了应变量的累积，形成了一定程度的加工硬化，最大应力达到 -54.5MPa，第 6、7 道次因接近成品轧制道次，应变量较小，应变积累效应不再明显。因 P91 钢的定径总应变未达到动态再结晶的临界应变，处于未再结晶区内的应变累积，故其定径过程可实现未再结晶型控制轧制，变形特征使材料处于含有大量缺陷的高能状态，使后续控制冷却过程更易于诱导马氏体相变，大幅度细化马氏体板条。

5.1.3.2　P91 无缝钢管 TMCP 的微观组织演变规律

图 5-12 为激光共聚集显微镜下观察到的 P91 钢模拟 TMCP 穿孔、连轧及定径后控制冷却的微观组织，图 5-13 为 P91 钢 TMCP 热模拟不同阶段的晶粒尺寸。由图 5-12 和图 5-13 可知，随着穿孔、连轧和定径各过程的依次进行，晶粒细化倾向越来越明显。由图 5-12（a）可知，经穿孔变形后，仍然可以看到一些长条状的形变纤维组织，同时也观察到大量多边形的再结晶晶粒，表明动态、亚动态再结晶已经开始发生，晶粒平均尺寸约为 50μm；连轧变形后，静态再结晶晶粒逐渐增多并不断吞噬掉形变晶粒而长大，逐步取代原来粗大的形变晶粒，连轧后等轴状的晶粒平均尺寸约为 40μm，如图 5-12（b）所示。因 P91 钢穿孔、连轧变形时温度较高，位错易于运动、湮灭，从而使得金属在变形过程中易于发生形核长大式的再结晶过程，细化奥氏体晶粒。由于奥氏体晶界附近是马氏体形核的优先部位，故穿孔-连轧大变形将在奥氏体晶界附近产生细小再结晶晶核，晶粒显著细化，增加晶界面积，从而增加定径后冷却时马氏体的形核点。图 5-12（c）和（d）为 P91 钢定径后冷却速度分别为 0.5℃/s 和 1℃/s 的微观组织，可见粗大的变形晶粒完全消失，并且当冷速由 0.5℃/s 增加至 1℃/s 时，晶粒尺寸由 30μm 进一步细化为 20μm，同时晶粒内部的马氏体板条也明显细化。因 P91 钢 TMCP 采用 990℃ 的较低定径终轧温度，此时位错运动速度相对较低，从而使得定径过程中形成的形变带能够更好地分割奥氏体晶粒，同时应变累积引起位错密

度和畸变能增加，形变诱导马氏体相变，促进马氏体形核，故大大细化相变马氏体组织。

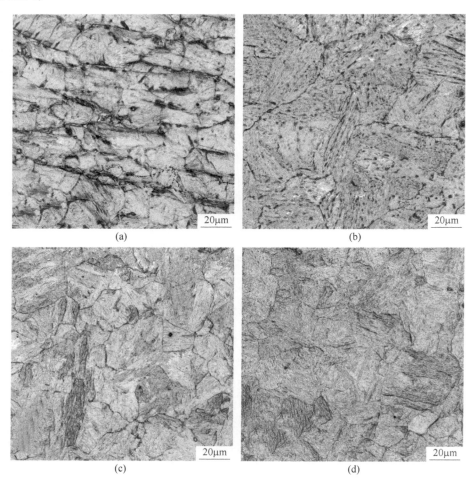

图 5-12　P91 钢模拟穿孔、连轧和定径后控制冷却的微观组织
(a) 穿孔后水淬；(b) 连轧后水淬；(c) 定径后 0.5℃/s 冷却；
(d) 定径后 1℃/s 冷却

　　图 5-14 (a) 和 (b) 分别为模拟 P91 钢定径后冷却速度为 0.5℃/s、1.0℃/s 的 SEM 微观组织。比较图 5-14 (a) 和 (b) 可知，当定径后冷却速度从 0.5℃/s 增加至 1.0℃/s 时，马氏体板条束 (block) 宽度从 0.8~1.0μm 细化至 0.2~0.6μm；同时在图 5-14 (b) 中可见大量弥散分布的细小析出物，经 EDS 测试，可知该析出物当中主要含有 Cr、Fe、Mo 元素，可确定此类析出物为(Cr，Fe，Mo)$_{23}$C$_6$。故 P91 钢 TMCP 定径后控制冷却的冷却速度选择 1.0℃/s，

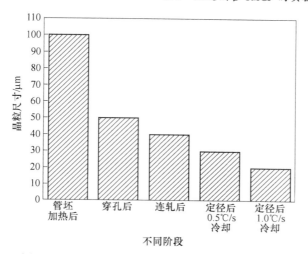

图 5-13 P91 钢 TMCP 热模拟不同阶段的晶粒尺寸

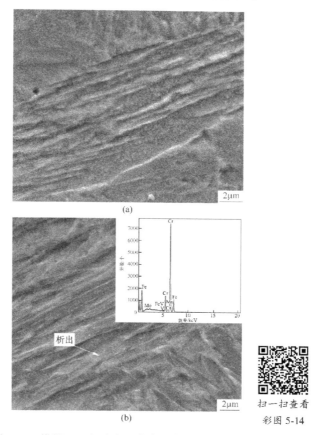

图 5-14 模拟 P91 钢定径后控制冷却 SEM 显微组织

（a）冷却速度为 0.5℃/s；（b）冷却速度为 1℃/s

可得到析出物弥散强化的精细板条马氏体组织。

　　图 5-15 是模拟 P91 钢定径后控制冷却速度为 1℃/s 下的 TEM 微观组织亚结构和析出物。由图 5-15（a）可见，P91 钢控制冷却后的板条马氏体片平直完整，板条（lath）宽度 0.1~0.5μm，按国标 GBT 6394—2002 采用截线法统计分析板条的平均宽度为 0.28μm，板条内部分布着大量细密的位错网络，同时在马氏体板条内还发现微细孪晶存在，尺寸为 2~20nm，如图 5-15（b）所示。由此可知，在 P91 钢管控制冷却过程中，马氏体相变首先以孪晶来协调应变，同时由于穿孔-连轧大变形使原始奥氏体组织大大细化，定径变形累积使形变奥氏体进一步强化，故在孪晶生长的同时，基体中产生大量位错，因此，在相变过程中马氏体板

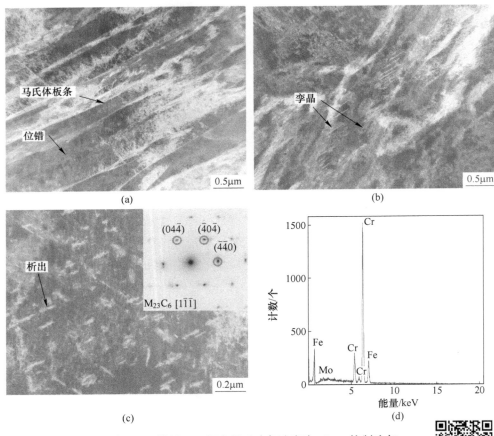

(a)　　　　　　　　　　　　　(b)

(c)　　　　　　　　　　　　　(d)

图 5-15　模拟 P91 钢定径后冷却速度为 1℃/s 控制冷却
的微观组织亚结构和纳米级析出物
（a）马氏体板条和位错；（b）孪晶；（c）析出；（d）析出物 EDS

扫一扫
查看彩图

条可通过位错滑移来提供塑性协调而继续生成，这样就形成了孪晶与高密度位错共存的特殊亚结构，细密分布的位错网络位于马氏体板条边缘，孪晶结构在马氏体板条中部可见。同时，大变形产生高密度位错缠结，还可阻断相变马氏体板条的连续长大，得到细化的马氏体板条。进一步放大组织，如图 5-15（c）所示，可见马氏体板条间析出大量微细条状析出物，尺寸为 20nm ×100nm，经衍射斑点标定（衍射的晶带轴 $[1\,\bar{1}\,\bar{1}]$，$a_o = 1.064$nm）为面心立方结构的 $M_{23}C_6$ 型碳化物，结合图 5-15（d）所示 EDS 测试结果，可知该析出物当中主要含有 Cr、Fe、Mo 元素，可确定此类碳化物为（Cr，Fe，Mo）$_{23}C_6$。这些结果表明，P91 钢在经过穿孔、连轧大变形和定径变形累积及控制冷却后，可得到含有高密度位错、微细孪晶及纳米级碳化物的超细板条马氏体组织，这种组织类型将大大提高轧制 P91 钢管的力学性能。

为进一步明确 P91 钢在 TMCP 冷却过程中碳化物析出规律，使用 Thermo-Calc 软件计算了 P91 钢在高温下碳化物数量随温度变化的曲线，如图 5-16（a）

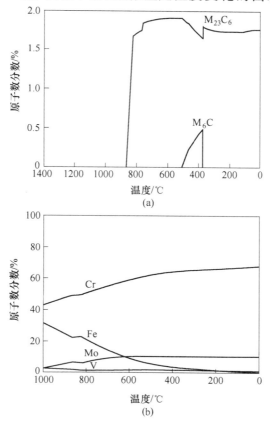

图 5-16　Thermo-Calc 计算 P91 钢的碳化物析出曲线及 $M_{23}C_6$ 成分变化曲线

（a）析出碳化物；（b）$M_{23}C_6$ 成分变化

所示，可知 P91 钢定径冷却时主要析出 M_6C 型及 $M_{23}C_6$ 型两种类型的碳化物。M_6C 型碳化物析出温度为 $370\sim500℃$，析出量很少。$M_{23}C_6$ 型碳化物开始析出温度约为 $860℃$，主要是 Cr 的碳化物，同时含有 Fe、Mo、V 等元素，各元素含量随温度变化如图 5-16（b）所示，随着析出温度的下降，Cr 和 Mo 含量升高，Fe 含量下降，开始析出温度 $860℃$ 和室温 $20℃$ 下 $M_{23}C_6$ 中各元素的原子百分数见表 5-4。因为定径变形促进析出，定径变形累积产生大量位错，为碳化物析出提供更多有利的形核点，此时由于温度较高，Cr、Fe、Mo 和 C 等溶质原子的扩散速率又相对较快，故碳化物在奥氏体晶粒内部直接析出；另外，由于 P91 钢经控制轧制后得到细小的奥氏体晶粒，晶粒内形成的位错和晶界较多，为减少自由能，Cr、Fe、Mo 等溶质原子倾向于占据空位、位错和晶界等缺陷位置，从而加速 $M_{23}C_6$ 型碳化物的扩散和析出。当温度低于 $800℃$ 时，Cr、Fe、Mo 等合金元素扩散变慢，使 $M_{23}C_6$ 相长大速率减慢，加剧碳化物在晶粒内的生长阻力，最终 $M_{23}C_6$ 型碳化物在形变奥氏体晶粒内呈弥散、细小析出，并且由计算结果可知析出量基本保持在 1.8% 左右。为保留纳米级析出物，采用上述 $1℃/s$ 的冷却速度进行控制冷却，最终得到马氏体板条间弥散分布的纳米级碳化物。

表 5-4　P91 钢中 $M_{23}C_6$ 型碳化物中各元素的原子数分数　　　　（%）

温度/℃	Cr	Fe	Mo	V	C
860	49.20	22.27	6.32	1.39	20.69
20	67.75	0.30	10.34	0.91	20.69

5.2　无缝钢管 TMCP 的数值模拟

值得注意的是，对于钢管 TMCP 微观组织控制研究仅通过实验研究是远远不够的，因为实验研究没有考虑到轧制和在线热处理过程中金属变形的不均性和温度变化的影响。因此，利用数值模拟技术来同时模拟钢管轧制和在线形变热处理过程中金属的变形、温度变化以及微观组织演变，并进行组织性能预报仍然是一项新课题。国内许多学者通过有限元方法对钢管穿孔、连轧、减径和热处理过程进行了研究[38,55~64]，但其研究主要针对的是某一轧制或热处理工序，没有对钢管整个生产过程的全面研究，而且绝大多数研究也没有考虑变形与温度和微观组织演变的耦合问题。美国的 TIMKEN 钢管公司 21 世纪初曾对钢管 TMCP 进行过全面的数值模拟研究[25,26]，但由于技术保密，我们也无法共享其成果。

通过有限元技术对无缝钢管 TMCP 进行模拟，能够监测材料在热轧成形和冷却相变过程中的相关宏观变化和微观组织演变，从而优化工艺参数，能够节省大量的时间，在降低生产成本的同时有效地提高产品质量。目前市场上现有的有限元计算分析软件如 DEFORM-3D、MSC. MARC、MSC. SUPERFORM、ABAQUS 等，没有专门的针对热轧成形热、变形和微观组织演变耦合分析的功能，但都提供了二次开发接口。用户可以通过软件的二次开发，实现热、变形和微观组织演变的耦合模拟分析功能。

5.2.1 热、变形和微观组织耦合数值模拟的实现

下面以 159PQF 机组轧制 30MnCr22 低合金钢 ϕ139.7mm×7.72mm 典型规格的 P110 钢级石油套管为例分析其轧制和冷却过程热、变形和微观组织耦合数值模拟的实现。无缝钢管的轧制过程十分复杂，需要分别建立穿孔、连轧和定（减）径的物理模型，模型可以先采用 Solidworks 等三维建模软件建立，然后导入 DEFORM-3D，进行网格划分，生成有限元模型。图 5-17 是穿孔、连轧和定（减）径过程的物理模型。

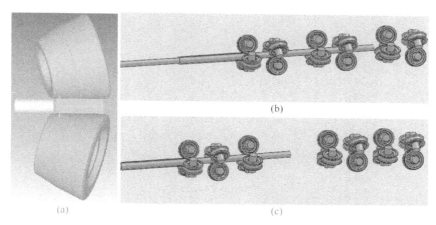

图 5-17　穿孔、连轧和定（减）径模型图
(a) 穿孔；(b) 连轧；(c) 定（减）径

管坯选用 30MnCr22，根据前人针对低碳钢的热变形过程的临界应变、动态再结晶、亚动态再结晶、静态再结晶和晶粒长大数学模型做出了很多研究，本书轧制过程的再结晶模拟采用的数学模型均是作者在第 3 章通过回归分析得到的。数值模拟过程用到的数学模型如下：

（1）流变应力方程。

$$\dot{\varepsilon} = 6.4182 \times 10^{14} \left[\sinh(0.011\sigma) \right]^{7.7374} \exp\left[-3.0025 \times 10^5 / (RT) \right] \quad (5-9)$$

（2）动态再结晶临界应变模型。

当 $\varepsilon > \varepsilon_c$ 时，发生的再结晶主要是动态再结晶，因此需要确定动态再结晶临界应变 ε_c 与 Z 参数，即与变形温度和应变速率的关系。

$$Z = \dot{\varepsilon}\exp[3.0025 \times 10^5/(RT)] \tag{5-10}$$

$$\varepsilon_p = 0.04107 \left\{ \dot{\varepsilon}\exp[3.0025 \times 10^5/(RT)] \right\}^{0.0671} \tag{5-11}$$

$$\varepsilon_c \approx 0.83\varepsilon_p = 0.03409 \left\{ \dot{\varepsilon}\exp[3.0025 \times 10^5/(RT)] \right\}^{0.0671} \tag{5-12}$$

（3）动态再结晶动力学模型。

当 $\varepsilon > \varepsilon_c$ 时，发生的再结晶主要是动态再结晶，动态再结晶动力学模型为

$$X_{drx} = 1 - \exp\left[-1.2477 \left(\frac{\varepsilon - \varepsilon_c}{\varepsilon_p} \right)^{1.4059} \right] \tag{5-13}$$

$$d_{drx} = 163.56Z^{-0.045} \tag{5-14}$$

（4）静态再结晶动力学模型。

当 $\varepsilon < \varepsilon_c$ 时，发生的再结晶主要是静态再结晶，静态再结晶动力学模型为

$$X_{srx} = 1 - \exp[-0.693(t/t_{0.5})]^{0.3643} \tag{5-15}$$

$$t_{0.5} = 6.7155 \times 10^{-16} d_0^{2.0574} \varepsilon^{-1.7608} \dot{\varepsilon}^{-1.4822} \exp[2.5955 \times 10^5/(RT)] \tag{5-16}$$

$$d_{srx} = 3.7 d_0^{0.9302} \varepsilon^{0.7004} Z^{-0.0456} \tag{5-17}$$

5.2.2 模拟结果分析

无缝钢管 TMCP 全流程热、变形和微观组织耦合的数值模拟十分复杂，涉及传热、接触摩擦、金属流动、奥氏体再结晶和奥氏体冷却相变等一系列问题。作者目前正在进行相关的研究攻关，目前已经采用 DEFORM-3D 软件对钢管穿孔和连轧过程进行了有限元模拟，以下只是一些初步的模拟结果，模拟结果和实际生产比较接近。

图 5-18 是穿孔过程的模拟结果。由图 5-18（a）可知穿孔最大等效应力为 191.0MPa，变形区平均应力约为 60.0MPa，这和物理模拟得到的结果比较接近。图 5-18（b）为管坯各点的位移速度，可见管坯发生了明显的螺旋扭转运动，这种剧烈的大变形极易诱发完全的动态再结晶。

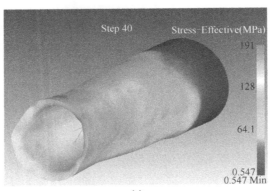

(a)

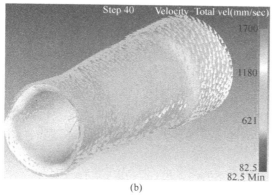

(b)

图 5-18 穿孔过程模拟结果

(a) 等效应力; (b) 位移速度

图 5-19 是连轧过程的模拟结果。由图 5-19 (a) 可知连轧过程中在三辊 PQF 轧辊辊缝处钢管出现明显凸起，并随着连轧过程的进行，凸起逐渐减小，钢管表面质量逐步提高。图 5-19 (b) 为连轧过程中钢管穿过六架轧机后的等效应力，轧辊处的等效应力约为 90MPa，这也和物理模拟结果非常接近。

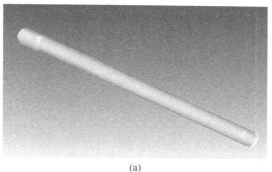

(a)

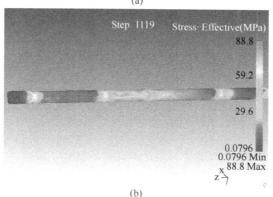

(b)

图 5-19 PQF 连轧过程模拟结果

(a) 连轧过程中钢管的形状; (b) 等效应力

5.3　本　章　小　结

（1）采用 Gleeble-1500D 热模拟实验机的多道次热压缩实验进行了 30MnCr22 石油套管和 P91 耐热钢管 TMCP 的实验模拟。结果表明，无缝钢管 TMCP 中微观组织发生再结晶细化、形变诱导相变和第二相弥散析出，且微观组织细化和形变、相变组织精细亚结构具有遗传性，钢管能通过细晶、形变、相变、析出等多种方式协同强韧化。

（2）30MnCr22 钢和 P91 钢在穿孔过程中均发生了充分的动态、亚动态再结晶；30MnCr22 钢在连轧道次间隙和连轧后均发生了静态再结晶，P91 钢在连轧道次间隙发生了静态回复，连轧后发生了静态再结晶；30MnCr22 钢和 P91 钢在定（减）径过程中均没有发生再结晶，但产生了应变累积效应，造成了形变奥氏体的强化、硬化。

（3）30MnCr22 钢属于低合金钢，热轧变形抗力较小，塑性较好，故其 TMCP 穿孔、连轧可选择高温大变形，促进奥氏体再结晶，把连铸管坯粗大的组织从 200μm 左右，经穿孔细化至约 60.3μm，经连轧进一步细化至约 23.8μm。减径选择 800~850℃ 的较低变形温度，遗传穿孔、连轧大变形的再结晶细化晶粒的效果，实现未再结晶区内的变形累积，结合快速冷却，实现大幅度细化晶粒至 10μm 以下，得到含有高密度位错和纳米级析出碳化物的细板条马氏体组织，实现了 TMCP 的细晶强化、形变强化、相变强化及析出强化。

（4）P91 钢含有较高含量的合金元素，热轧变形抗力较大，故制定其 TMCP 参数时，穿孔、连轧选择高温大变形，促进奥氏体再结晶，细化晶粒，特别是软化组织，改善高合金难变形金属的热加工性能。定径选择 990~1040℃ 的较低变形温度，遗传了穿孔、连轧大变形的孪晶、位错组织特征和动态、静态再结晶的细化晶粒效果，实现未再结晶区内的变形累积，结合 1℃/s 冷却速率的控制冷却，实现大幅度细化马氏体板条至 0.1~0.5μm，并控制 $M_{23}C_6$ 型碳化物在晶粒内部呈均匀弥散析出，并在相变后细化至 20nm ×100nm 纳米级别，最终得到含有高密度位错、微细孪晶及纳米级碳化物的超细板条马氏体组织，实现了 TMCP 的细晶强化、形变强化、相变强化及析出强化。

（5）分析了无缝钢管 TMCP 热、变形和微观组织耦合有限元数值模拟实现的途径。

6 无缝钢管 TMCP 的在线微观组织控制与强韧化机理

综合前面章节对无缝钢管 TMCP 典型钢种的高温再结晶行为、TMCP 热模拟和控制冷却传热及相变的研究结果，PQF 工艺下的无缝钢管 TMCP 可以通过对加热、轧制、冷却几个过程的在线控制，实现微观组织的有益演化和管材的强韧化。下面分别以 159PQF 机组轧制 30MnCr22 低合金钢 ϕ139.7mm×7.72mm 典型规格的 P110 钢级石油套管和 460PQF 机组轧制 P91 高合金钢 ϕ426mm×34mm 典型规格的耐热钢管为例，对无缝钢管 TMCP 加热、轧制、冷却过程的微观组织在线控制和强韧化机理进行详细分析阐述。

根据低合金钢和高合金钢的钢种特性、再结晶规律、TMCP 实验模拟结果和控制冷却的传热与相变机理，并结合 PQF 工艺无缝钢管生产实际，在加热、轧制和冷却过程中制定具体的微观组织在线控制策略，在穿孔、连轧和定（减）径阶段采取不同的再结晶控制轧制方式，并结合轧后的超快冷却或控制冷却，实现微观组织的有益遗传和管材的强韧化。金相显微镜、扫描电镜和透射电镜观察不同阶段的微观组织，分析基于 TMCP 无缝钢管微观组织转变规律，测定钢管的最终力学性能，对比分析 TMCP 条件下和传统轧制条件下无缝钢管的组织和性能差异。

6.1 30MnCr22 无缝钢管 TMCP 微观组织的在线控制

6.1.1 30MnCr22 无缝钢管 TMCP 加热过程的控制

30MnCr22 属于低碳低合金钢，固相线温度较高，高温塑性较好，加热时可以采用较快的加热速度和较高的加热温度，以保证钢管在轧制时具有较好的塑性，实现"趁热打铁"式的高温大变形。现场实验选取 ϕ210mm 的连铸管坯，采用环形加热炉加热，加热温度 1290℃，通过预热、加热和均热三段加热实现均匀加热，使管坯内外温差小于 30℃。连铸管坯出炉后穿孔前取样水淬后的微观组织如图 6-1（a）所示，平均晶粒尺寸约为 200μm。

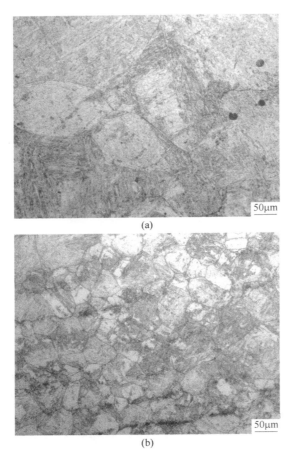

图 6-1　30MnCr22 钢穿孔前后的微观组织

（a）穿孔前；（b）穿孔后

6.1.2　30MnCr22 无缝钢管 TMCP 轧制过程的控制

6.1.2.1　穿孔过程的控制

30MnCr22 钢管的穿孔采用二辊菌式斜轧穿孔机，穿孔温度取 1250℃，轧辊间距取 182.9mm，导板间距 207.9mm，轧辊压下量 12.9%，顶头直径 ϕ164mm，穿孔后毛管尺寸为 ϕ220mm×19.5mm，钢管壁厚压下率为 81%，穿孔等效应变高达 1.7。穿孔采用动态再结晶型控制轧制工艺，通过穿孔中的动态再结晶细化粗大的管坯晶粒。

将穿孔后毛管淬火后截取试样，观察保留的高温组织状态，如图 6-1（b）所示。可见晶粒大小并不均匀，既有长大明显的再结晶晶粒，也在晶界处看到比较细小的再结晶晶粒，平均晶粒尺寸约为 55μm。与粗大的管坯组织（见图

6-1（a））相比，穿孔后的晶粒已经显著细化，但仍然比较粗大，需要通过连轧过程的控制轧制进一步细化晶粒，同时尽量缩短穿孔和连轧之间的间隙时间，抑制再结晶晶粒长大和毛管温降，给连轧提供更细小的晶粒组织和更高的开轧温度。

6.1.2.2　连轧过程的控制

30MnCr22 钢管的连轧采用六机架三辊连轧 PQF 轧管机，开轧温度和终轧温度分别取 1150℃ 和 1100℃，比传统的开轧、终轧温度高约 50℃。连轧变形采用标准孔型，芯棒直径 ϕ169.8mm，出 PQF 机架尺寸为 ϕ184.74mm×7mm，出脱管机尺寸为 ϕ175mm×7.17mm，六道次变形率分别为 31.8%、33.4%、26.6%、20.9%、12.1% 和 3.4%。

图 6-2 为连轧后冷却到减径温度水淬时的组织，可见此时由于连轧道次间和连轧后的静态再结晶使晶粒进一步细化至 20μm 左右，而且晶粒也比穿孔后更加均匀。

图 6-2　30MnCr22 钢连轧后的微观组织

6.1.2.3　减径过程的控制

30MnCr22 钢管的减径采用二十四机架连轧三辊微张力减径机，实际轧制道次为七道次，减径后尺寸为 ϕ141.1mm×7.8mm。开轧温度和终轧温度分别取 850℃ 和 800℃，这要比传统的减径开轧、终轧轧制温度要低 50~100℃，目的是通过低温未再结晶区减径变形累积产生更大的形变强化效果，为随后的超快冷却提供组织准备。

图 6-3 为减径后水淬的组织，可见此时的晶粒尺寸和减径前相比没有明显变化，但晶粒形状变扁。这是由于减径未再结晶轧制造成了晶粒出现了明显的

形变晶粒特征，这为减径后超快冷却过程中的形变诱导相变提供了良好的组织条件。

图 6-3　30MnCr22 钢管减径后的微观组织

6.1.3　30MnCr22 无缝钢管 TMCP 在线冷却过程的控制

无缝钢管 TMCP 在线超快冷却需要对现场冷却生产线进行改造，设计和制造全新的超快冷却平台，需要在冷却辊道上设置在线电磁感应装置，将减径后的 30MnCr22 钢管温度均匀化至 850℃，以消除钢管壁厚方向的温差，然后通过辊道进入超快冷平台，在辊道上以约 50r/min 的转速旋转，然后通过气雾超快冷却装置将钢管以 35~50℃/s 的速度冷却到约 300℃后停止冷却。

由于现阶段无法实现对现场冷却线的改造，为了验证在线超快冷却对钢管微观组织的影响，将采用如前所述的控制轧制后的 30MnCr22 钢管立即切割长度 300mm，淬入含 10%NaCl 的盐水中。作者在钢管控制冷却传热物理模拟实验平台上，用含 10%NaCl 的盐水对尺寸为 $\phi139.7mm \times 7.72mm$ 的 30MnCr22 钢管进行超快冷却淬火，测得钢管 300~900℃间的平均冷却速度约为 50℃/s，所以可以用在线盐水淬火来近似模拟钢管在线超快冷却过程。

图 6-4 为 30MnCr22 无缝钢管减径变形后用不同冷却方式冷却后的微观组织，用以对比超快冷却与自然冷却和低冷却速度控制冷却以及传统离线淬火对相变的影响。图 6-4（a）和（b）分别为 30MnCr22 无缝钢管经自然冷却和 3.5℃/s 控制冷却后的室温组织，可见在此冷却强度下，组织均为铁素体+珠光体，只是控制冷却条件下晶粒更为细小，珠光体也相对更多。图 6-4（c）所示为 30MnCr22 无缝钢管采用传统离线淬火方法得到的组织，为板条状马氏体。图 6-4（d）~（f）为超快冷却后 OM、SEM 和 TEM 组织，也全部为板条马氏体，但比传统离线淬火组织更细小，板条束宽度细化至 0.2μm 以下，而且在图 6-4（e）中可见亚晶组

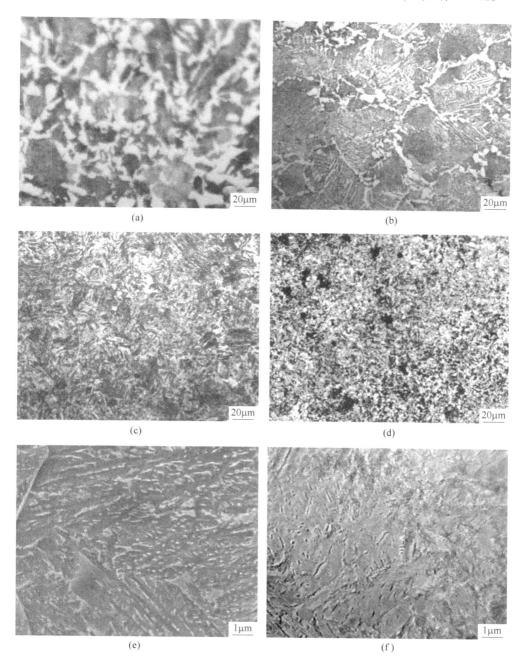

图 6-4 30MnCr22 钢管减径后不同冷却条件下的微观组织
（a）自然冷却；（b）控制冷却；（c）离线淬火；（d）超快冷却（OM）；
（e）超快冷却（SEM）；（f）超快冷却（TEM）

织，在图6-4（f）中可见大量微细析出物。上述观察结果表明，未再结晶控制轧制后通过在线超快冷却淬火可以得到含有大量微细析出物的细小的板条马氏体，钢管的性能不仅显著优于自然冷却和低冷却速度控制冷却条件下的铁素体+珠光体组织，而且也比传统离线淬火的马氏体性能要好，见表6-1。

表 6-1　30MnCr22 钢管不同冷却条件下的硬度

冷却条件	实测硬度（HRC）	平均硬度（HRC）
自然冷却	15.3/15.8/16.5	15.9
控制冷却	23.8/24.5/24.3	24.2
传统离线淬火	49.0/49.5/49.5	49.3
在线超快冷却	51.5/51.3/52.3	51.7

图6-5是30MnCr22在整个TMCP现场实验不同阶段的晶粒尺寸变化情况，和TMCP热模拟相比，TMCP现场实验中各个阶段的晶粒尺寸均更细小，说明TMCP现场实验中穿孔和连轧复杂变形过程中发生的动态和静态再结晶比实验模拟时更充分，细化晶粒效果更加明显，使得穿孔后和连轧后晶粒更加细小；减径变形后由于采用的是在线超快冷却，所以最终得到的晶粒细化至10μm以下，也比实验模拟控制冷却条件下的晶粒要细，最终力学性能也得到大幅提高。

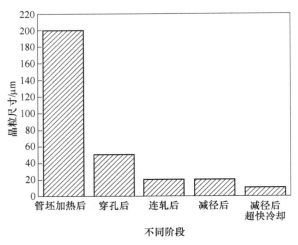

图 6-5　30MnCr22 钢管 TMCP 不同阶段的晶粒尺寸

为了稳定马氏体组织，消除淬火应力，进一步提高塑性和韧性，对淬火后的钢管进行了580℃的高温回火，得到的组织为回火索氏体，如图6-6所示。经拉伸实验测定，屈服强度、抗拉强度和断面收缩率均比传统离线淬火+580℃高温回火时的屈服强度、抗拉强度和断面收缩率明显提高，而且波动范围更小、性能更加稳定，见表 6-2。

50μm

图 6-6 30MnCr22 钢管回火后的微观组织

表 6-2 30MnCr22 钢管不同热处理方式下的力学性能

热处理方式	屈服强度 $R_{t0.6}$/MPa	抗拉强度 R_m/MPa	断面收缩率 A/%
离线淬火+580℃回火	835±26	923±21	21±3
在线超快冷+580℃回火	891±16	1010±14	26±2

6.2 P91 无缝钢管 TMCP 微观组织的在线控制

6.2.1 P91 无缝钢管 TMCP 加热过程的控制

P91 属于高合金钢，故其加热速度要慢些。为了使其合金元素充分溶入高温奥氏体中，其加热时可采用较高的加热温度，保证钢管在轧制时具有较好的塑性，实现"趁热打铁"式的高温大变形。现场实验中选取 ϕ430mm×100mm 锻造空心管坯以利于穿孔，加热温度取 1290℃，用环形加热炉进行预热、加热和均热三段加热，以保证管坯内外温差小于 30℃。同时，坯料的两端用高温棉堵住或者焊接薄铁片，避免加热过程中空气进入，氧化空心坯内壁。

6.2.2 P91 无缝钢管 TMCP 轧制过程的控制

6.2.2.1 穿孔过程的控制

P91 钢管的穿孔采用二辊菌式斜轧穿孔机，穿孔温度取 1250℃，轧辊间距取 386mm，导板间距 445mm，轧辊压下量 10%，顶头直径 ϕ395mm，穿孔后毛管尺

寸为 φ524mm×47.55mm，钢管壁厚压下率为 71%，穿孔等效应变高达 1.3。由于管坯为锻造组织，晶粒较连铸组织细小，如图 6-7（a）所示，因此穿孔过程的动态再结晶虽然使管坯晶粒有所细化，但效果并不十分明显，如图 6-7（b）所示。但是充分的动态、亚动态再结晶使高变形抗力的 P91 管坯发生了软化，可使其穿孔后的塑性变形性能得到改善，以利于随后的连轧和定径变形。为了给连轧提供更细小晶粒组织和更高的开轧温度，穿孔后应尽量缩短与连轧之间的间隙时间，以抑制再结晶晶粒的长大并减少毛管的温降。

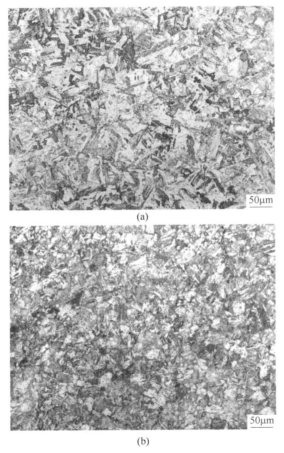

图 6-7　P91 钢锻造管坯和穿孔后的微观组织
(a) 锻造；(b) 穿孔后

6.2.2.2　连轧过程的控制

P91 钢管的连轧采用五机架三辊连轧 PQF 轧管机，开轧温度为 1125℃，终轧温度为 1080℃，比 30MnCr22 钢的开轧、终轧温度高约 80℃。连轧变形采用标准孔型，芯棒直径 ϕ413.9mm，出 PQF 机架尺寸为 ϕ481.74mm×32.6mm，出脱管机尺寸为 ϕ467.7mm×32.98mm。连轧道次变形率较小，道次平均变形率约为10%。根据前述研究结果，在该道次变形率下金属无法发生动态再结晶，道次间隙时间内也很难发生静态再结晶，只在连轧后发生部分静态再结晶。图 6-8 为五道次连轧后的水淬组织，可见由于连轧后的静态再结晶晶粒进一步细化。

50μm

图 6-8　P91 钢连轧后的微观组织

6.2.2.3　定径过程的控制

P91 钢管定径采用十二机架连轧三辊微张力定径机，连轧道次为七道次，定径后尺寸为 ϕ430.2mm×34.34mm。P91 钢管的开轧温度为 1040℃，终轧温度为990℃。由于 P91 钢淬硬倾向较大，为了防止管体开裂，定径采用无水轧制。定径的总变形量较小，只有约 20%，但通过低温未再结晶区多道次定径变形的累积，产生了形变强化效果，为随后的控制冷却提供了相应的组织准备。图 6-9 为P91 钢管定径后水淬的组织照片。

图 6-9　P91 钢管定径后的微观组织

6.2.3　P91 无缝钢管 TMCP 在线冷却过程的控制

P91 钢管定径后直接在冷床进行控制冷却，冷却速度设定为 1℃/s。图 6-10 为 P91 钢管控制轧制与控制冷却后的成品管及其微观组织，可看到晶粒已细化至 20μm 以下 ［见图 6-10 （b）］，马氏体板条细化至 0.1～0.4μm，同时可见高密度位错 ［见图 6-10 （c）］，孪晶组织及细小的析出物 ［见图 6-10 （d）］。经硬度测试，P91 钢管经控制轧制和控制冷却后，其硬度平均值高达 HRC42.4，而传统热轧 P91 钢管的硬度只有 HRC40，说明 TMCP 可以明显提升高合金 P91 钢的力学性能。由此验证了采用 TMCP 技术生产 P91 热轧无缝钢管的可行性和先进性。

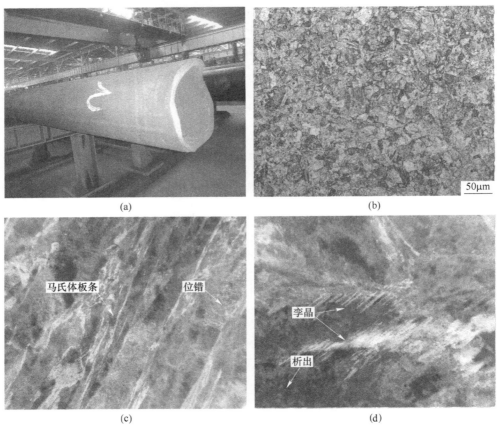

图 6-10　P91 钢管 TMCP 生产成品管及微观组织

（a）成品管；（b）微观组织（OM）；（c）马氏体板条和位错（TEM）；
（d）孪晶和析出（TEM）

扫一扫
查看彩图

6.3 本章小结

（1）针对 30MnCr22 和 P91 无缝钢管，分别制定了不同的控制策略来实现其微观组织的在线控制。30MnCr22 钢管采用 1290℃ 加热、1250℃ 穿孔、1100～1150℃ 连轧、800～850℃ 减径及减径后以 50℃/s 的冷却速度超快冷却后，得到了平均晶粒尺寸在 10μm 以下、板条束宽度在 0.2μm 以下的含有大量微细析出物的细板条马氏体组织，经 560℃ 高温回火后力学性能比传统离线淬火+560℃ 高温回火的力学性能要高。P91 钢管采用 1290℃ 加热、1250℃ 穿孔、1080～1125℃ 连轧、990～1040℃ 定径及定径后以 1℃/s 的冷却速度控制冷却后，得到了平均晶粒尺寸在 20μm 以下、板条束宽度在 0.1～0.4μm 的细板条马氏体组织，同时可见高密度位错、孪晶组织及细小的析出物。

（2）低合金钢 30MnCr22 和高合金钢 P91 无缝钢管 TMCP 微观组织控制策略的相同点在于均采用高加热温度，穿孔均采用高温大变形实现动态再结晶型控制轧制，连轧均采用高温静态再结晶型控制轧制，定（减）径均采用低温未再结晶型控制轧制，通过道次变形累积，形变诱导相变，综合发挥细晶、形变、相变和析出的多重协同强化效果，提高钢管的力学性能。不同点主要是冷却强度不同，低合金钢采用的是在线超快冷却，高合金钢采用的是在线控制冷却。按照上述控制策略，并通过具体的在线微观组织控制，两种材料的无缝钢管均可实现 TMCP 微观组织的显著细化和力学性能的显著提升，由此验证了无缝钢管 TMCP 的可行性和先进性。

7 结论与展望

7.1 结　　论

为了将 TMCP 技术引入基于 PQF 工艺的无缝钢管生产中，本书围绕无缝钢管 TMCP 轧制变形和在线冷却过程中的微观组织控制这一基本问题，以低合金钢和高合金钢无缝钢管的典型钢种 30MnCr22 和 P91 为主要研究对象，通过 Gleeble 热模拟实验、控制冷却传热实验、激光共聚焦快速冷却实验和现场 TMCP 实验，研究了上述两钢种的高温再结晶行为、TMCP 微观组织演变和动态相变行为，探讨了无缝钢管控制冷却传热机理和快速冷却相变机理，在此基础上提出了无缝钢管 TMCP 的微观组织控制策略，取得以下创新研究成果。

（1）TMCP 不要求材料有高的合金元素含量，主要依靠在线热机械控制来提高强韧性。故无缝钢管 TMCP 钢一般选用低碳低合金钢，通过对材料的控制轧制与在线热处理，利用固溶、细晶、形变、相变、析出等多重强化作用的协同效果，实现微合金元素的高效利用，全面提升钢管的综合性能。由于 PQF 轧管机特别适用轧制高合金难变形金属，所以基于 PQF 工艺的无缝钢管 TMCP 也可针对高合金钢，通过微合金化和 TMCP 的共同作用可以综合提升 P91 钢管的组织和性能，而且 TMCP 还可以降低 P91 钢轧制过程中的变形抗力，实现难变形金属的控制轧制。

（2）分析了典型低合金钢 30MnCr22 和高合金钢 P91 在穿孔、连轧和定（减）径过程中的动态、静态再结晶规律，提出了相应的控制轧制策略。两种材料钢管穿孔的真应变远远超过动态再结晶临界应变，管坯会发生完全的动态再结晶，并在穿孔后较长的间隙时间内发生充分的亚动态再结晶，所以两种材料钢管穿孔均采用动态再结晶型控制轧制。30MnCr22 钢管连续轧管时不会发生动态再结晶，但会在连轧道次间隙和连轧后发生静态再结晶；P91 钢管连轧时不会发生动态再结晶，道次间隙也很难发生静态再结晶，只在连轧后发生了静态再结晶，所以两种材料钢管的连轧均采用静态再结晶型控制轧制。两种材料钢管定（减）径时每道次的真应变很小，不可能发生动态、静态再结晶，但是定（减）径道次间隙时间短，道次多，可以产生应变累积效应，从而实现未再结晶型控制轧制。

（3）借助无缝钢管控制冷却传热物理模拟实验平台，采用反传热法对钢管控制冷却传热机理进行分析，发现影响钢管气雾冷却传热的关键因素是气水混合比，其最佳值为6~7；随着冷却水量和压缩空气压力的增加，冷却效果增强，对应的热流密度和换热系数也随之增大。换热系数随温差的下降而升高，依次经历了高温膜态沸腾阶段、中温稳定阶段和低温过渡态沸腾阶段，实现无缝钢管超快冷却的关键是提高高温膜态沸腾阶段的界面换热系数。

（4）分析了变形条件和冷却速度对30MnCr22钢和P91钢形变奥氏体动态相变的影响。对于30MnCr22钢，其他条件相同，变形温度越低、应变量越大，马氏体转变开始温度和铁素体转变开始温度越高，得到的组织越细；随着冷却速度的加大，其微观组织由铁素体+珠光体组织变成了板条马氏体组织。因此，制定30MnCr22钢管TMCP工艺参数时，为获得细小、强化的板条马氏体组织，减径终轧温度取800℃，等效真应变取0.25，减径变形后采用大于35℃/s的冷却速度进行超快冷却。对于P91钢，变形温度从1040℃降低到990℃，可以提高马氏体转变开始温度，细化马氏体板条，当冷却速度为1℃/s时，马氏体板条束细化至0.6~1.0μm。因此制定P91钢管TMCP工艺参数时，为获得细小、强化的板条马氏体组织，定径终轧温度取990℃，等效真应变取0.2，定径变形后采用1℃/s的冷却速度进行控制冷却。

（5）高温激光共聚集显微镜对30MnCr22无缝钢管试样快速冷却相变过程的原位观察发现，冷却速度越快，马氏体转变温度越低，转变速度越快，转变持续的温度区间越小，马氏体板条越细；当冷却速度达到70℃/s以上的超快冷却可以诱发马氏体爆发式转变，得到具有亚晶细化特征的含有纳米级碳化物、高密度位错和纳米级亚板条的超细马氏体组织，将会显著提高钢管的强韧性。

（6）通过对30MnCr22石油套管和P91耐热钢管TMCP的实验模拟研究，发现基于PQF工艺的无缝钢管TMCP中，微观组织发生再结晶细化、形变诱导相变和第二相弥散析出，且微观组织细化和形变、相变组织精细亚结构具有遗传性，钢管能通过细晶、形变、相变、析出等多种方式协同强韧化。30MnCr22钢管穿孔和连轧的高温大变形促进再结晶，把连铸管坯粗大的组织从200μm左右，经穿孔、连轧细化至23.8μm；减径选择800~850℃的较低变形温度，通过在未结晶区的变形累积，结合超快冷却，大幅度细化晶粒至10μm以下，得到含有高密度位错和纳米级析出碳化物的细板条马氏体组织。P91钢管穿孔和连轧的高温大变形促进再结晶，细化晶粒，特别是软化组织，改善高合金难变形金属的热加工性能；定径选择990~1040℃的较低变形温度，通过在未结晶区的变形累积，结合1℃/s冷却速度的控制冷却，大幅度细化马氏体板条至0.1~0.5μm，并控制$M_{23}C_6$型碳化物在晶粒内部呈均匀弥散析出，并在相变后细化至20nm×100nm的纳米级别，最终得到含有高密度位错、微细孪晶及纳米级碳化物的超细板条马氏体组织。

（7）针对 30MnCr22 和 P91 无缝钢管，分别制定了不同的在线控制策略来实现微观组织的细化和力学性能的提升。30MnCr22 钢管采用 1290℃加热、1250℃穿孔、1100~1150℃连轧、800~850℃减径及减径后以 50℃/s 的冷却速度超快冷却后，得到了平均晶粒尺寸在 10μm 以下、板条束宽度在 0.2μm 以下的细板条马氏体组织，经 560℃高温回火后力学性能比传统离线淬火+560℃高温回火的力学性能明显提高；P91 钢管采用 1290℃加热、1250℃穿孔、1080~1125℃连轧、990~1040℃定径及定径后以 1℃/s 的冷却速度控制冷却后，得到了平均晶粒尺寸在 20μm 以下、板条束宽度在 0.1~0.4μm 的细板条马氏体组织，同时可见高密度位错、孪晶组织及细小的析出物。

本书的研究工作及其成果对于优化基于 PQF 工艺的无缝钢管 TMCP 工艺参数、进而探明无缝钢管 TMCP 轧制和冷却过程的微观组织控制及强韧化机理具有重要的价值，同时也寄希望本工作能够对推进我国无缝钢管 TMCP 的实施发挥作用。

7.2 创 新 点

（1）基于 TMCP，明确微合金化、轧制变形和控制冷却对微观组织遗传性及固溶、细晶、形变、相变和析出协同强韧化的影响机理，为无缝钢管 TMCP 的实施提供全新的途径。

（2）在 PQF 工艺下的无缝钢管 TMCP 轧制和冷却过程中，微观组织发生再结晶细化、形变诱导相变和第二相弥散析出，且细化和形变、相变组织精细亚结构具有遗传性，钢管能通过细晶、形变、相变、析出等多种方式协同强韧化。

（3）在全尺寸控制冷却传热物理模拟平台上，采用反传热法对钢管控制冷却传热机理进行分析，发现实现无缝钢管超快冷却的关键是提高高温稳定膜态沸腾传热阶段的界面换热系数。

（4）借助高温激光共聚焦显微镜原位观察 30MnCr22 钢快速冷却相变过程，发现达到 70℃/s 的超快冷却可以诱导马氏体爆发式转变，可得到具有亚晶细化特征的含有纳米级碳化物、高密度位错和纳米级亚板条的超细板条马氏体。

7.3 展 望

（1）为了进一步发挥 TMCP 的微合金化作用，可以选择稀土复合微合金钢进行无缝钢管 TMCP 微观组织遗传和强韧化机理研究，研究稀土和微合金元素交互作用对轧制变形和控制冷却过程中微观组织遗传性及固溶、细晶、形变、相变和析出协同强韧化的影响机理，为无缝钢管 TMCP 的实施提供更广阔的前景。

（2）建立从加热、穿孔、连轧、定（减）径到在线热处理全流程的热、变形和微观组织耦合模型，分析无缝钢管 TMCP 全流程的温度、变形和微观组织变化规律。

（3）结合无缝钢管 TMCP 的理论研究成果，在生产现场建立在线控制冷却平台，真正实现无缝钢管全流程的控制轧制、控制冷却和在线热处理，实现固溶、细晶、形变、相变和析出协同强韧化。

参 考 文 献

[1] 包喜荣，陈林，定巍，等．轧钢工艺学［M］．北京：冶金工业出版社，2013：198~205.

[2] 田研，杨秀琴．世界知名钢管集团发展历程对我国钢管界的启示［J］．钢管，2018，47（1）：1~12.

[3] 殷国茂．我国钢管工业的现状和今后发展的思考［J］．钢管，2011，40（1）：1~7.

[4] 钟锡弟．2019 年我国钢管行业现状与前景预测［J］．钢管，2019，48（4）：1~5.

[5] 井溢农．热轧无缝钢管行业的现状分析［J］．包钢科技，2006，32（5）：1~3.

[6] 李元德，朱燕玉，贾立虹，等．连轧管机组发展历程及生产技术［J］．钢管，2010，39（2）：1~13.

[7] 金如崧．论 MPM 轧管工艺的发展［J］．宝钢技术，2005，6：10~14.

[8] 兰兴昌，刘卫平．无缝钢管生产技术的新进展［J］．钢管，2003，32（5）：1~6.

[9] 郑治平，于业奎．限动芯棒连轧管机工艺技术的发展［J］．钢管，1999，28（5）：1~6.

[10] 杜凤山，周庆田，吴坚，等．三辊连轧管（PQF）的计算机仿真［J］．钢铁，1998，33（8）：35~37.

[11] 尹元德，李胜抵．无缝钢管连轧技术研究进展［J］．安徽工业大学学报，2005，22（3）：229~233.

[12] Palma V，Bandini S，Pehle H J，et al. The premium quality finishing mill the ultimate proeess for high quality seamless tube production［J］. Tube International，2000，5：253~258.

[13] 汪缤缤．在线加速冷却对 27SiMn 无缝钢管组织性能影响的研究［D］．马鞍山：安徽工业大学，2018.

[14] 荆长安．无缝钢管热处理工艺及设备选型［J］．钢管，2016，45（1）：35~40.

[15] 许亚华．日本无缝钢管水淬工艺［J］．钢管，1996（3）：57~62.

[16] 王晓东．基于 TMCP 的无缝钢管轧制和冷却过程微观组织控制研究［D］．呼和浩特：内蒙古工业大学，2020.

[17] 王国栋．控轧控冷技术的发展及在钢管轧制中应用的设想［J］．钢管，2011，40（2）：1~8.

[18] 王国栋．新一代 TMCP 技术的发展［J］．中国冶金，2012，22（12）：1~5.

[19] 胡克迈，刘江成．无缝钢管的热轧制变形特点与热机械处理工艺［C］．中国金属学会 2006 年全国轧钢生产技术会议文集．北京：中国金属学会，2006：706~713.

[20] 唐德虎．管材连续热处理装置的研制［D］．沈阳：东北大学，2014.

[21] 殷光虹．钢管在线加速冷却技术开发［J］．宝钢技术，2006（3）：1~4,38.

[22] 钟锡弟，庄钢，陈洪琪，等．无缝钢管在线控冷装置的开发与减量化生产实践［C］．中国金属学会 2008 年全国轧钢生产技术会议文集．北京：中国金属学会，2008：439~445.

[23] 马丁，张正谋，杨周瑾，等．控轧控冷技术在无缝钢管生产中的应用研究［J］．石化技术，2016，23（10）：185.

[24] 吕卫东，程杰锋，唐广波．控制冷却技术的发展及其在热轧钢管过程的应用［J］．上海金属，2015，37（2）：45~48.

［25］ The Timken Company. Controlled thermo-mechanical processing of tubes and pipes for enhanced manufacturing and performance ［R］. Canton：The Timken Company，2005.

［26］ Jin D，Dominik E D，Kolarik Ⅱ R V，et al. Modeling of controlled thermo-mechanical processing of tubes for enhanced manufacturing and performance ［J］. Acta Metallurgica Sinica，2000，13（2）：832~842.

［27］ 王晓东，郭锋，包喜荣，等. P91 热轧无缝钢管的 TMCP 模拟 ［J］. 材料研究学报，2019，33（12）：909~917.

［28］ 王晓东，郭锋，包喜荣，等. 基于 PQF 的 30MnCr22 无缝钢管 TMCP 的实验研究 ［J］. 材料热处理学报，2015，36（s2）：57~61.

［29］ 王晓东，郭锋，包喜荣，等. 钢管轧制热机械控制工艺的应用与研究 ［J］. 热加工工艺，2016，45（15）：20~24.

［30］ 王晓东，包喜荣，郭锋，等. P110 钢级石油套管再结晶型控制轧制模拟研究 ［J］. 热加工工艺，2014，43（3）：47~49.

［31］ Anelli E，Cumino G，Gonalez C. Metallurgical design of accelerated-cooling process for seamless pipe production ［C］. In Proceedings from Materials Solutions'97 on Accelerated Cooling/Direct Quenching Steels. Indiana，1997：15~18.

［32］ 王有铭，李曼云，韦光. 钢材的控制轧制和控制冷却 ［M］. 2 版. 北京：冶金工业出版社，2009：189~231.

［33］ 翁宇庆. 超细晶钢——钢的组织细化理论与控制技术 ［M］. 北京：冶金工业出版社，2003：10~26.

［34］ 李大赵，索志光，崔天燮，等. 采用 TMCP 技术的低碳低合金高强钢生产的研究现状及进展 ［J］. 钢铁研究学报，2016，28（1）：1~7.

［35］ 蒋凌枫，李为龙. XML40ACr 线材控轧控冷工艺优化 ［J］. 金属材料与冶金工程，2017，45（4）：44~47.

［36］ Li Chengning，Ji Fengqin，Yuan Guo，et al. The impact of thermo-mechanical controlled processing on structure-property relationship and strain hardening behavior in dual-phase steels ［J］. Materials Science and Engineering A，2016，662：100~110.

［37］ Kong Xiangwei，Lan Liangyun，Hu Zhiyong，et al. Optimization of mechanical properties of high strength bainitic steel using thermo-mechanical control and accelerated cooling process ［J］. Journal of Materials Processing Technology，2015，217：202~210.

［38］ 冯莹莹，骆宗安，王立鹏，等. 钢管超快冷过程数学模型的研究与开发 ［J］. 哈尔滨工程大学学报，2015，36（2）：252~256.

［39］ Jiang Z Y，Tieu A K. A 3-D finite element analysis of the rolling of thin strip with friction variation ［J］. Key Engineering Materials，2002，233/236（part 1）：419~424.

［40］ Zhang Xiaoming，Jiang Zhengyi，Liu Xianghua，et al. Analysis of slab edging by a 3-D rigid visco-plastic finite element method ［J］. Chinese Journal of Mechanical Engineering（English Edition），2002，15（1）：48~52.

［41］ Liu X H，Xu J Z，He X M，et al. FEM analysis of stress on roll surface black oxide layers exfoliation in hot strip rolling [J]. Journal of Materials Engineering and Performance, 2002, 11 (2): 215~219.

[42] Yanagimoto J. Strategic FEM simulator for innovation of rolling mill and process [J]. Journal of Materials Processing Technology, 2002, 130 (2): 224~228.

[43] Kong L X, Wang B, Hodgson P D. Prediction of stress-strain behaviors in steels using an integrated constitutive FEM and ANN model [J]. ISIJ International, 2001, 41 (7): 795~800.

[44] Luce R, Wolske M, Kopp R, et al. Application of a dislocation model for FE-process simulation [J]. Computational Materials Science, 2001, 21 (1): 1~8.

[45] Hsiang S H, Lin S L. Application of 3D FEM-slab method to shape rolling [J]. International Journal of Mechanical Sciences, 2001, 43 (5): 1155~1177.

[46] Jiang Z Y, Tieu A K. Modelling of the rolling processes by a 3-D rigid plastic/visco-plastic finite element method with shifted ICCG method [J]. Computers and Structures, 2001, 79 (31): 2727~2740.

[47] Kim D H, Lee Y, Yoo S J, et al. Prediction of the wear profile of a roll groove in rod rolling using an incremental form of wear model [J]. Proceedings of the Institution of Mechanical Engineers, Part B: Journal of Engineering Manufacture, 2003, 217 (1): 111~126.

[48] Dvorkin E, Cavaliere M, Goldschmit M. Finite element models in the steel industry-Part I: simulation of flat product manufacturing processes [J]. Computers and Structures, 2003, 81 (8/11): 559~573.

[49] Tieu A K, Jiang Z Y, Lu C A. 3D finite element analysis of the hot rolling of strip with lubrication [J]. Journal of Materials Processing Technology, 2002, 125 (9): 638~644.

[50] 刘相华. 刚塑性有限元及其在轧制中的应用 [M]. 北京: 冶金工业出版社, 1994: 16~17.

[51] 李国祯. 现代钢管轧制工具设计原理 [M]. 北京: 冶金工业出版社, 2006: 23~24.

[52] Hans T P. Position of the seamless steel take on the world market and in China [J]. Steel Tube, 1998, 13 (4): 23~33.

[53] Pater Z, Kazanecki J, Bartnicki J. Three dimensional thermo-mechanical simulation of the tube forming process in Diescher's mill [J]. Journal of Materials Processing Technology, 2006, 177 (3): 167~170.

[54] 程联社, 杨中平, 冯战勤. 有限元法在机械设计中的应用 [J]. 杨凌职业技术学院学报, 2009, 8 (3): 40~42.

[55] 双远华. 斜轧穿孔过程金属流动的有限元模拟 [J]. 机械工程学报, 2004, 40 (3): 140~144.

[56] 罗伟. 锥形穿孔过程工艺优化及数值分析 [D]. 秦皇岛: 燕山大学, 2011.

[57] 张燕丰. 二辊斜轧穿孔的有限元模拟研究 [D]. 昆明: 昆明理工大学, 2012.

[58] 李小荣. PQF 轧管机组轧制工艺的理论研究 [D]. 沈阳: 东北大学, 2008.

[59] 高秀华. PQF 三辊连轧管机轧制过程的有限元分析 [J]. 塑性工程学报, 2009, 16 (3): 107~110.

［60］汪飞雪. 三辊限动芯棒连轧管（PQF）成形机理及其虚拟仿真系统［D］. 秦皇岛：燕山大学，2013.

［61］汪飞雪，杜凤山，于辉，等. 基于有限元的 PQF 连轧过程宽展规律的仿真［J］. 钢铁，2013，48（3）：51~53.

［62］许志强. 钢管减径三维热力耦合刚塑性有限元虚拟仿真集成系统［D］. 秦皇岛：燕山大学，2003.

［63］于辉，杜凤山，汪飞雪. 无缝钢管张力减径过程的有限元模型开发及应用［J］. 机械工程学报，2011，47（22）：74~79.

［64］周伟鹏. 无缝钢管减径过程工艺参数设计及数值模拟研究［D］. 武汉：武汉科技大学，2015.

［65］Sellars C M，Whiteman J A. Recrystallization and grain growth in hot rolling［J］. Metal Science Journal，1979，13：187~194.

［66］Devadas C，Samarasekera I V，Hawbolt E B. The thermal and metallurgical state of steel strip during hot rolling：Part Ⅲ. Microstructural Evolution［J］. Metallurgical Transactions A，1991，22A：335~349.

［67］Kwon O. A technology for the prediction and control of microstructural changes and mechanical properties in steel［J］. ISIJ International，1992，32（3）：350~358.

［68］Senuma T，Suehiro M，Yada H. Mathematical models for predicting microstructural evolution and mechanical properties of hot strips［J］. ISIJ International，1992，32（3）：423~432.

［69］戴起勋. 金属组织控制原理［M］. 北京：化学工业出版社，2009：74~75.

［70］Pussegoda L N，Yue S，Jonas J J. Laboratory simulation of seamless tube piercing and rolling using dynamic recrystallization schedules［J］. Metallurgical and Materials Transactions A，1990，21（1）：153~164.

［71］Pussegoda L N，Hodgson P D，Jonas J J. Design of dynamic recrystallization controlled rolling schedules for seamless tube rolling［J］. Material Science and Technology，1991，7（2）：129~136.

［72］Mitsutsuka M，Fukuda K. Effect of water temperature on cooling capacity in water cooling of hot steels［J］. Tetsu-to-Hagane，1989，75（7）：1154~1161.

［73］蔡晓辉，时旭，王国栋，等. 控制冷却方式和设备的发展［J］. 钢铁研究学报，2001，13（6）：56~60.

［74］Buzzichelli G，Anelli E. Present status and perspectives of European research in the field of advanced structure steels［J］. ISIJ International，2002，42（12）：1354~1363.

［75］Herman J C. Impact of new rolling and cooling technologies on thermomechanically processed steels［J］. Ironmaking and Steelmaking，2001，28（2）：159~163.

［76］周成，赵坦，朱隆浩，等. TMCP 工艺对低碳 Ni-Nb 钢组织转变和力学性能的影响［J］. 钢铁，2019，4（6）：68~72.

［77］刘峰，王慊. 低合金钢 TMCP 中相变热力学/动力学相关性探讨［J］. 金属学报，2016，52（10）：1326~1332.

[78] 索志光. 控轧控冷工艺下 Mn-Ti 型高强钢组织与性能的研究 [D]. 太原：中北大学，2017.

[79] Eghbali B, Zadeh A A. Strain induced transformation in a low carbon microalloyed steel during hot compression testing [J]. Scripta Materialia, 2006, 54 (6): 1205~1209.

[80] 黄成江，李殿中，李依依. 钢铁材料形变诱导相变现象研究进展 [J]. 材料导报，2001，15 (11): 4~6, 43.

[81] 王晓莉. 高晶粒均匀度微合金钢板的组织超细化关键技术研究 [D]. 镇江：江苏大学，2016.

[82] 胡晓，鲍思前，蔡珍，等. 共析钢形变诱导珠光体相变及渗碳体动态球化 [J]. 钢铁研究学报，2018，30 (8): 657~665.

[83] 胡晓. 共析钢形变诱导珠光体相变研究 [D]. 武汉：武汉科技大学，2018.

[84] 沙庆云. N80 石油管的热处理工艺 [J]. 鞍钢技术，2000 (7): 19~21.

[85] 余伟，陈银莉，蔡庆伍，等. N80 级石油套管在线常化工艺的优化 [J]. 钢铁，2002，37 (5): 46~49.

[86] Liu Shengxin, Chen Yong, Liu Guoquan, et al. Effect of intermediate cooling on precipitation behavior and austenite decomposition of V-Ti-N steel for non-quenched and tempered oil-well tubes [J]. Materials Science and Engineering A, 2008, 485 (1~2): 492~499.

[87] 陶学智，赵永恒，刘东升，等. 钢管在线水淬热处理工艺 [J]. 钢管，2006，35 (2): 21~24.

[88] 罗聪. 衡钢 ϕ219 分厂在线淬火生产线工艺 [J]. 金属材料与冶金工程，2013，41 (3): 229~233.

[89] Iwasaki Y, Kobayashi K, Katsuo U, et al. Production of HSLA seamless steel pipes for offshore structures and line pipes by direct-quench and tempering [J]. Transactions of the Iron and Steel Institute of Japan, 1985, 25 (10): 1059~1068.

[90] 王士俊. 在冷床上加速冷却钢管的工业试验 [J]. 钢管，1993 (4): 36~40.

[91] 顾敬一，刘志勇，钟锡弟，等. 无缝钢管在线加速冷却的实现与控制 [J]. 冶金自动化，2011 (s1): 115~118.

[92] 荆长安. 无缝钢管热处理工艺及设备选型 [J]. 钢管，2016，45 (1): 35~40.

[93] 邵国栋，杜学斌，徐能惠，等. 石油钢管水淬设备的现状及展望 [J]. 热处理技术与装备，2015，36 (1): 25~29.

[94] 王晓东，郭锋，王宝峰，等. 钢管控制冷却物理模拟平台的建立及传热边界条件的确定 [J]. 机械工程学报，2018，54 (24): 69~76.

[95] Wendelstorf J, Spitzer K H, Wendelstorf R. Spray water cooling heat transfer at high temperatures and liquid mass fluxes [J]. International Journal of Heat and Mass Transfer, 2008, 51 (19): 4902~4910.

[96] Dou Ruifeng, Wen Zhi, Zhou Gang. Heat transfer characteristics of water spray impinging on high temperature stainless steel plate with finite thickness [J]. International Journal of Heat and Mass Transfer, 2015, 90: 376~387.

[97] Wendelstorf R, Spitzer K H, Wendelstorf J. Effect of oxide layers on spray water cooling heat transfer at high surface temperatures [J]. International Journal of Heat and Mass Transfer, 2008, 51 (19): 4892~4901.

[98] Hou Yan, Tao Yujia, Huai Xiulan, et al. Numerical simulation of multi-nozzle spray cooling heat transfer [J]. International Journal of Thermal Sciences, 2018, 125: 81~88.

[99] 李辉平, 赵国群, 牛山廷, 等. 基于有限元和最优化方法的淬火冷却过程反传热分析 [J]. 金属学报, 2005, 41 (2): 167~172.

[100] Liu Zhenhua, Wang Jing. Study on film boiling heat transfer for water jet impinging on high temperature flat plate [J]. International Journal of Heat and Mass Transfer, 2001, 44 (13): 2475~2481.

[101] Al-Ahmadi H M, Yao S C. Spray cooling of high temperature metals using high mass flux industrial nozzles [J]. Experimental Heat Transfer, 2008, 21 (1): 38~54.

[102] 韩会全, 王青峡, 杨春楣. 中厚板喷淋冷却换热模型的研究 [J]. 宽厚板, 2015, 21 (1): 32~36.

[103] 袁静, 吴战芳, 徐李军, 等. 高温钢板连续喷水冷却换热系数的研究 [J]. 连铸, 2016, 41 (3): 9~13.

[104] Zhang Xiong, Wen Zhi, Dou Ruifeng. Experimental study of the air-atomized spray cooling of high-temperature metal [J]. Applied Thermal Engineering, 2014, 71 (1): 43~45.

[105] Mishra P C, Nayak S K, Ukamanal M. Effect of impingement density and nozzle to target distance on spray cooling of steel plate——an experimental investigation [J]. Heat Transfer Engineering, 2017, 38 (13): 1198~1208.

[106] 李鹤林, 吉玲康, 谢丽华. 中国石油钢管的发展现状分析 [J]. 河北科技大学学报, 2006, 27 (1): 1~4.

[107] 刘斌. P110 抗挤毁套管的研究开发 [D]. 长沙: 中南大学, 2007.

[108] API Spec 5CT specification for drill pipes [S]. American Petroleum Institute, 2005.

[109] 郭兆成, 石晓霞, 谭晓东. 低成本 P110 钢级石油套管开发 [J]. 包钢科技, 2010, 36 (1): 18~21.

[110] 许占海. 30MnCr22/P110 无缝钢管热处理特性的研究 [D]. 包头: 内蒙古科技大学, 2010.

[111] 王晓东, 郭锋, 包喜荣, 等. 基于 TMCP 研究套管钢 30MnCr22 的动态再结晶 [J]. 热加工工艺, 2019, 48 (24): 31~36.

[112] 付俊岩. Nb 微合金化和含铌钢的发展及技术进步 [J]. 钢铁, 2005, 40 (8): 1~3.

[113] 李春龙, 王云盛, 陈建军, 等. 稀土在洁净 BNbRE 重轨钢中的作用机制 [J]. 中国稀土学报, 2004, 22 (5): 670~675.

[114] 姜茂发, 王荣, 李春龙. 钢中稀土与铌、钒、钛等微合金元素的相互作用 [J]. 稀土, 2003, 24 (5): 1~3.

[115] 林勤, 宋波. 微合金钢中稀土对沉淀相和性能的影响 [J]. 中国稀土学报, 2002, 20 (3): 256~260.

[116] Bao Xirong. Mathematical model of dynamic recrystallization of U75V, RE-Ⅱ heavy rails, Advanced material, Advanced Materials Research, 2011, 287~290: 352~356.

[117] 王龙妹, 杜廷, 卢先利, 等. 稀土元素在钢中的热力学参数及应用 [J]. 中国稀土学报, 2003, 21 (3): 251~255.

[118] 王雪凤, 吴任东, 邓晨曦, 等. 新型耐热高强钢 P91 的高温力学性能 [J]. 机械工程学报, 2008, 44 (6): 243~247.

[119] 何德孚, 王晶滢. 高铬铁素体耐热钢管发展中的问题及争议 (上) [J]. 钢管, 2019, 48 (5): 7~14.

[120] 何德孚, 王晶滢. 高铬铁素体耐热钢管发展中的问题及争议 (下) [J]. 钢管, 2020, 49 (1): 7~13.

[121] 孙彪. T/P91 钢马氏体强化机理研究 [D]. 西安: 西安工业大学, 2015.

[122] 王卫泽, 王钥, 朱月梅. 我国 P91/T91 钢生产及其性能的现状与进展 [J]. 机械工程材料, 2010, 34 (6): 6~9.

[123] 束国刚. T/P91 钢国产化工艺组织和性能改进的研究与应用 [D]. 武汉: 武汉大学, 2005.

[124] 石晓霞, 马爱清, 陈文琢. 热处理工艺制度对 30MnCr22 钢力学性能的影响 [J]. 包钢科技, 2011, 37 (3): 11~13.

[125] Abe F, Taneike M, Sawada K. Alloy design of creep resistant 9Cr steel using a dispersion of nano-sized carbonitrides [J]. International Journal of Pressure Vessels and Piping, 2007, 84 (1~2): 3~12.

[126] Klueh R L, Hashimoto N, Maziasz P J, et al. Development of new nano-particle-strengthened martensitic steels [J]. Scripta Materialia, 2005, 53 (3): 275~280.

[127] 宁保群. T91 铁素体耐热钢相变过程及强化工艺 [D]. 天津: 天津大学, 2007.

[128] 宁保群, 刘永长, 徐荣雷, 等. 形变热处理对 T91 钢组织和性能的影响 [J]. 材料热处理学报, 2008, 22 (2): 191~196.

[129] Klueh R L, Hashimoto N, Maziasz P J. New nano-particle-strengthened ferritic/martensitic steels by conventional thermo-mechanical treatment [J]. Journal of Nuclear Materials, 2007, 367~370 (Part A): 48~53.

[130] 周杰. 12Cr2Ni4A 钢的动态再结晶行为及数值模拟 [D]. 哈尔滨: 哈尔滨理工大学, 2015.

[131] 包喜荣, 王均安, 王晓东, 等. 一种 Cr-Mo-Ni 系贝氏体钢的动态再结晶行为 [J]. 材料热处理学报, 2016, 37 (4): 222~227.

[132] 张鸿冰, 张斌, 柳建韬. 钢中动态再结晶力学测定及其数学模型 [J]. 上海交通大学学报, 2003, 37 (7): 1053~1056.

[133] 何宜柱, 陈大宏, 雷廷权. 变形 Z 因子与动态再结晶晶粒尺寸间的理论模型 [J]. 钢铁研究学报, 2000, 12 (1): 26~30.

[134] Zhang Bin, Zhang Hongbing, Ruan Xueyu. Dynamic recrystallization behavior of 35CrMo structural steel [J]. Journal of Central South University of Technology, 2003, 10 (1):

13~19.

［135］ Laasraoui A, Jonas J J. Prediction of temperature distribution flow stress and microstructure during the multi-pass hot rolling of steel plate an strip ［J］. ISIJ International, 1991, 31 (1): 95~105.

［136］ Ullmann M, Graf M, Kawalla R. Static recrystallizaion kinetics of a twin-roll cast AZ31 alloy ［J］. Materials Today: Processing, 2015, 2 (s1): 212~218.

［137］ 赵立华, 张艳姝, 吴桂芳. GH4169 高温合金的静态再结晶动力学 ［J］. 材料热处理学报, 2015, 36 (5): 217~222.

［138］ 贾璐, 李永堂, 李振晓. 耐热合金钢 P91 热变形过程静态及亚动态再结晶行为 ［J］. 机械工程学报, 2017, 53 (8): 58~67.

［139］ 蔺永诚, 陈明松, 钟掘. 42CrMo 钢形变奥氏体的静态再结晶 ［J］. 中南大学学报: 自然科学版, 2009, 40 (2): 411~416.

［140］ Rao K P, Prasad Y K D V, Hawboly E B. Study of fractional softening in multi-stage hot deformation ［J］. Journal of Materials Process Techology, 1998, 77 (1~3): 166~174.

［141］ Sun W P, Hawbolt E B. Comparison between static and metadynamic recrystallization an application to the hot rolling of steels ［J］. ISIJ International, 1997, 37 (10): 1000~1009.

［142］ Zhu F X, Liu C, Chui G Z. Effect of hot deformation parameters on recrystallization of steel T91 ［J］. Acta Metallurgica Sinica, 2003, 13 (1): 335~341.

［143］ 李振晓, 雷步芳, 付建华, 等. 铸态 P91 耐热合金钢动态再结晶模型的建立 ［J］. 锻压技术, 2016, 41 (1): 121~126.

［144］ 邓尰. 基于厚壁管铸挤复合成形的铸态 P91 钢热变形行为及组织性能研究 ［D］. 太原: 太原科技大学, 2015.

［145］ 章威, 董洪波, 杨新. Q550D 超低碳贝氏体钢动态再结晶行为 ［J］. 材料热处理学报, 2012, 33 (12): 158~162.

［146］ 程晓农, 桂香, 罗锐, 等. 核电装备用奥氏体不锈钢的高温本构模型及动态再结晶 ［J］. 材料导报, 2019, 33 (6): 1775~1781.

［147］ 肖洋, 吴晓东, 李腾, 等. 60Si2CrVAT 高强度弹簧钢动态再结晶模型的建立 ［J］. 热加工工艺, 2019, 48 (8): 81~83, 87.

［148］ 陈永利. 一种超高强贝氏体钢组织调控及生产工艺研究 ［D］. 沈阳: 东北大学, 2017.

［149］ Guo Q, Yan H G, Zhang H, et al. Behavior of AZ31 magnesium alloy during compression at elevated temperature ［J］. Materials Science and Technology, 2005, 21 (11): 1349~1354.

［150］ Sellars C M, Tagart W J. Study on the mechanism of hot forming ［J］. Acta Metallurgica, 1966, 14 (11): 1136~1138.

［151］ 张磊. 基于多尺度耦合 316L/EH40 复合板热轧成形模拟及实验研究 ［D］. 秦皇岛: 燕山大学, 2016.

［152］ 沈丙振, 方能炜, 沈厚发, 等. 低碳钢奥氏体再结晶模型的建立 ［J］. 材料科学与工艺, 2005, 13 (5): 516~520.

［153］ 李馨家. 基于 DEFORM-3D 的热锻成形多尺度模拟软件的开发与应用 ［D］. 上海: 上海

交通大学，2016.

[154] 张佩佩. 316LN 钢热变形特性与再结晶规律研究 [D]. 上海：上海交通大学，2014.

[155] Cho S H, Kang K B, Jonas J J, et al. Effect of manganese on recrystallisation kinetics of niobium microalloyed steel [J]. Materials Science and Technology, 2002, 18 (3): 389~395.

[156] 武尚文，吴光亮，张永集，等. 氮合金化 HRB500E 钢的静态再结晶行为试验研究 [J]. 西南交通大学学报，2019, 54 (6): 1314~1322.

[157] 李永亮. 700MPa 级高强度汽车大梁钢成分设计与组织控制研究 [D]. 北京：北京科技大学，2017.

[158] Medina S F, Mancilla J E. Static recrystallization modelling of hot deformed steels containing several alloying elements [J]. ISIJ International, 1996, 36 (8): 1070~1076.